Rudolf Wittmann
Jacob Zwisseli

Hofbäume

Rudolf Wittmann
Jacob Zwisseli

Hofbäume

104 Farbfotos

Ulmer

Inhalt

Geleitwort von Dieter Wieland 6

Was ist ein Hofbaum? (Jacob Zwisseli) 9

Wo steht der Hofbaum? (Jacob Zwisseli) 11

Wie kam der Hofbaum früher auf den Hof? (Jacob Zwisseli) 13

Wie alt sind Hofbäume? (Jacob Zwisseli) 17

„Wer hat den schönsten Hofbaum?" – Hofbaumwettbewerbe (Jacob Zwisseli) 19

Die Rolle des Hofbaums in den ländlichen Lebenswelten (Jacob Zwisseli) 23
Wertschätzung und Bedeutung heute 23
Blitzgefährdung 26
Funktionen in der Vergangenheit 27
Schutzbaum und Schicksalsbaum 28

Der Hofbaum als Element der Kulturlandschaft (Jacob Zwisseli) 35
Hofbäume und Baumreihen 35
Landesfürstliche Maßnahmen zum Pflanzen von Bäumen 35
Altsiedelland 38
Jungsiedelland 39
Die Veränderlichkeit bäuerlicher Siedlungsformen 40

Hofbaumarten (Jacob Zwisseli) 43
Linde (Jacob Zwisseli) 47
Probleme mit Linden (Rudolf Wittmann) 53
Eiche (Jacob Zwisseli) 54
Das sensible Leitsystem der Eiche (Rudolf Wittmann) 62
Rosskastanie (Jacob Zwisseli) 63
Die Rosskastanie und ihre Motte (Rudolf Wittmann) 67
Bruchgefahr im Astbereich (Rudolf Wittmann) 68
Walnuss (Jacob Zwisseli) 69
Edel-Kastanie (Jacob Zwisseli) 75
Robustes Holz und gefährliche Pilzkrankheit (Rudolf Wittmann) 81
Kultur-Birne (Jacob Zwisseli) 82
Esche (Jacob Zwisseli) 87
Das Holz der Esche (Rudolf Wittmann) 90
Pflege von Eschen (Rudolf Wittmann) 90
Ahorn (Jacob Zwisseli) 92
Baumpflegerische Aspekte zu den drei Ahornarten (Rudolf Wittmann) 96
Rot-Buche (Jacob Zwisseli) 97
Statik der Buchen (Rudolf Wittmann) 101
Hänge-Weide (Jacob Zwisseli) 102
Hainbuche (Jacob Zwisseli) 104
Birke (Jacob Zwisseli) 107
Kurzlebig und viele Probleme (Rudolf Wittmann) 109
Holunder (Jacob Zwisseli) 110
Berg-Ulme (Jacob Zwisseli) 113
Eibe (Jacob Zwisseli) 115

Pfleglicher Umgang mit Hofbäumen (Rudolf Wittmann) 119
Die richtige Planung 119
Woher kommt der Hofbaum? 120
Pflanzung des Hofbaums 122
Pflege des Hofbaums 124

Die Zukunft des Hofbaums (Jacob Zwisseli) 133

Literatur 136
Dank 138
Register 139

Geleitwort von Dieter Wieland

„Ein Baum für Haus und Hof“

Dieses Buch will Sie verführen. Sie mit all den schönen Bildern dazu überreden, einen Baum zu pflanzen. Einen Baum auf Ihrem Hof. Zu Ihrem Haus. Einen Hausbaum. Denn der Hausbaum ist die Krone eines Hauses. Häuser ohne Bäume waren früher so wenig denkbar wie Männer ohne Bart. Heute stehen die Häuser kahl und nackt, von einem kümmerlichen Flaum von Cotoneaster und Krüppelkoniferen umstanden.

Häuser, die im Gras stehen, nicht im Asphalt ersticken, ohne betonierte Wege. Obstbäume dazwischen. Im Hintergrund eine Gruppe hoher Eichen. Und vorn am Platz eine Linde, eine königliche Linde, vielleicht 200 Jahre alt, und daneben vorsorglich ein Nachkömmling gepflanzt, zehn, fünfzehn Jahre alt. Wo sehen Sie noch solche Bilder? Fast gemalte Bilder. Traumbilder. Wo sehen Sie das heute, auf Postern und Kalendern ja, in jedem Büro, in jedem Schülerzimmer, auf Werbeprospekten für das schöne Deutschland. Oder wenn die Landwirtschaft empfohlen werden soll: „Frisch aus deutschen Landen“. Symbol für Echtes, Kerniges, für Qualität, für guten Schnaps und guten Schinken, für Festhalten am Althergebrachten, für Heimatliebe, für Beständigkeit, für Versicherungsglück und Urlaub auf dem Bauernhof. Und keine Partei von keiner Farbe lässt sich so ein Motiv entgehen, wenn die nächsten Wahlen vor der Tür stehen. Also da sind wir uns doch alle einig, dass Haus und Baum zusammengehören, so unverrückbar wie auf jeder Kinderzeichnung. Sehen Sie sich die Bilder Ihrer Kinder an: Gelbes Haus, rotes Dach, Fensterkreuze, grüne Fensterläden, einen lustigen Weg auf die Haustür zu und einen großen grünen Kugelbaum daneben.

Einen richtigen, echten, hochgewachsenen Laubbaum, einen Hausbaum. Und fragen Sie sich, wo die Kinder das in ihrer Neubausiedlung wohl gesehen haben könnten. Es muss ein Urtrieb sein. Ein Bild aus tiefsten Schichten unseres Unterbewusstseins. Das kristalline feste Dach und der weiche, runde, prunkvolle, lebendige Blätterschirm darüber, auf festem, dickem Stamm, wie auf einer stolzen Säule hochgehoben. Ein Bild von einer ungeheuren Spannung, von Kraft und Steigerung, aber auch von Harmonie und Nähe und Verschmelzung von künstlich Gebautem und natürlich Gewachsenem.

Haus und Hausbaum, Dächer eingehüllt in Laub, Dach über Dach, das ist wohl das Sinnbild schlechthin von Schutz und Wärme und Geborgenheit. Gebaute und gepflanzte Nachbarschaft. Beschirmt vor jedem Wind und Wetter. Bäume sind mehr als nur die höchsten Pflanzen, die wir kennen. Bäume sind wie Lebewesen.

Laubbäume geben mit ihrer unglaublich plastischen Kraft einer Landschaft, auch der flachsten Ebene, Form und Halt, Gestalt, Gliederung, Staffelung, Tiefe, einen Maßstab. Und noch eindringlicher spürt man das, wenn eine Siedlung in der freien Landschaft liegt. Die Bäume rahmen, halten, umarmen, sie grenzen ab, sie schützen und schirmen. Aber ohne zu trennen, ohne zu zerschneiden. Und es ist eine leider sehr selten gewordene Sensation, zu sehen, wie unglaublich harmonisch Gebautes und Gepflanztes mit- und ineinander geht, wenn die Häuser weit unter der Höhe der Bäume bleiben. Fast ein Naturgesetz, nur der Kirchturm darf die Kirchenlinde überragen.

Ihr Hof, Ihr Garten wäre zu klein dazu? Nein, nein, das kann nicht stimmen. Prüfen Sie die Bilder. Auf kleinstem Raum ist Platz für diese wunderbare Welt. Als sich einmal eine Dame bei einem berühmten Münchner Gartenarchitekten beklagte, ihr Garten sei doch gar so klein, korrigierte er sie freundlich: „Klein ist er schon, gnädige Frau, aber hoch!" Also, vergessen Sie die Höhe nicht in Ihrem Garten. Der Raum für einen Baum muss gar nicht größer sein als der Parkplatz für zwei Autos. Und trotzdem kann da Ihr Haus anfangen, in Schönheit und Harmonie zu leben, mit einem Birnbaum oder einem Apfelbaum, dessen Duft und Blütenpracht und Früchte bis in den ersten Stock hinaufreichen. Sie hören den Wind, Sie hören den Regen, Sie geben den Kindern und den Vögeln einen Lebensraum. Flirrendes Licht, die Wohltat von Schatten und Kühle. Sie leben mit den Jahreszeiten. Wie unendlich schön, was für ein plastisches Ereignis ist das fantastische Gerüst eines Laubbaumes im Winter. Und Winter ist bei uns das halbe Jahr. Hausbäume zeigen jeden Tag ein neues Bild. Sie wachsen mit den Kindern und werden mit den Jahren immer schöner.

„Früher dachte ich zuerst immer an Mauern, Treppen und Terrassen, wenn ich einen neuen Garten plante", sagte mir einmal ein wunderbarer, erfahrener alter Gartenarchitekt. „Heute weiß ich, dass die Bäume das Wichtigste sind für Haus und Garten. Sie geben einem Garten das Gewicht und das Gesicht. Die Form. Alles Andere, die Blumen und das Gemauerte, sind nur Zutaten."

„Wo man baut, da pflanzt man Bäume", heißt ein altes türkisches Sprichwort. Was für eine wunderbare Spielregel. Wir haben noch nie so viel gebaut, wie in den letzen fünfzig Jahren. Noch nie so viel Landschaft verbraucht, so viel Natur zerstört. Und noch nie so wenig Bäume gepflanzt.

Ihr Hof, Ihr Garten ist die Welt im Kleinen. Machen Sie es besser. Machen Sie den Anfang. Pflanzen Sie einen Baum. Einen Baum zu Ihrem Haus. Einen Hausbaum, einen Hofbaum.

Was ist ein Hofbaum?

Ein Hofbaum ist nicht irgendein Baum auf einem Bauernhof oder einem landwirtschaftlichen Betrieb. Er steht in besonderer Beziehung zum Hof und seinen Bewohnern. Er liegt ihnen am Herzen und er ist Ausdruck ihres Stolzes. Um ihn von anderen Bäumen des Hofes zu unterscheiden wird er auch als Hausbaum bezeichnet, denn auf allen Höfen gab es von jeher vielerlei Laubbäume, neben mehreren markanten Einzelbäumen auch Baumreihen und Baumgärten.

Der Hofbaum hat einen besonderen Status, da er sozusagen Familienanschluss hat und zum Haus und seinen Bewohnern gehört, denen er zugleich das Gefühl von Geborgenheit gibt. Seine beschützende Wirkung scheint sich durch überstandene Sturmfluten, überlebte Hofeinäscherungen, Maikäferplagen und Blitzeinschläge magisch gemehrt zu haben. Ja, es scheint, je schlimmer seine Blessuren und je höher sein Alter, desto höher seine Wertschätzung.

Gibt es mehrere Bäume auf dem Hof, so ist für den Außenstehenden nicht immer ersichtlich, welches nun der Hofbaum ist. Es muss nämlich nicht immer der größte und schönste Baum sein, wohl aber der mit einer besonderen Bedeutung, oder der welcher, obgleich noch jung am „richtigen", dem traditionellen Platz steht und auf den alle weitererzählten Eigenschaften seiner Vorgänger übergegangen sind. Es gilt zu bedenken, dass manche Familien schon seit 9 oder 16 Generationen „auf dem Hof" sind! Weil das Gedeihen das Hofbaums ein Zeichen für das Wohlergehen der Hofbewohner ist und er quasi ein Familienmitglied ist, wird alles getan, um ihn seinerseits zu erhalten. Da werden keine Mühen und Kosten gespart umeinen alten hohlen Baum zu erhalten, denn es ist verpönt, ihn kurzerhand zu fällen. Beweist der Baum nach dem baumchirurgischen Eingriff seine Vitalität mit frischen Trieben, ist der Landwirt stolz und glücklich und betrachtet seinen Baum wie ein genesendes Wunderwerk der Natur.

Die Bindungen an den Hofbaum sind mitunter eng und dauerhaft. Für einen jungen Soldaten in Kriegsgefangenschaft wurde das Lied „Vor meinem Vaterhaus steht eine Linde", von den Kameraden zum Geburtstag gesungen, zum Hoffnungsträger auf eine gute Heimkehr. Er hat den väterlichen Hof tatsächlich wiedergesehen und ihn nie mehr verlassen müssen und erfreut sich der herrlichen Hoflinde.

Kulturhistorisch betrachtet sind Hofbäume wahre Kleinode bäuerlicher Kultur, für Baumliebhaber und Ästheten sind sie langlebige Schönheiten, für Landschaftspfleger vollendete Begrünungen, für viele Menschen Sinnbild der Schöpfung und Mahnmal der Beständigkeit inmitten einer bedrohten Natur.

Die hoch gewachsene Winter-Linde, die frisch gemähte Wiese und das blumengeschmückte Wohnhaus in Kleinlosnitz (Oberfranken) harmonieren prächtig.

Wo steht der Hofbaum?

Der Hofbaum hat keinen bestimmten Ort innerhalb des Hofraums. Meistens nimmt er den gekiesten oder gepflasterten Platz direkt vor dem Wohnbereich ein, auf jeden Fall ist er unverwechselbar und unübersehbar. Er gibt dem Hofraum eine Struktur. Auf dreiseitigen Hofanlagen steht er in der Mitte des Hofraums, gerne am ehemaligen Brunnen, in den beengten Verhältnissen in Dorflage auch nahe der Hofeinfahrt, wo er die Dorfstraße belebt. An den großen Einfirsthöfen steht er meist giebelständig, man findet ihn aber auch traufseitig oder sogar am Hintergiebel. Auch abseitig kann er stehen, wenn er dem Grasgarten oder einer Baumreihe entstammt und erst nachträglich zum Hofbaum geworden ist, was gar nicht so selten der Fall ist! In Norddeutschland tritt der Hofbaum bevorzugt paarweise auf und schmückt den repräsentativen Eingangsbereich zum Hof oder seinem stattlichen Wohngebäude.

Auf den lang gestreckten Aussiedlerhöfen, wie sie im Zuge der Flurbereinigung entstanden sind, bildet der Hofbaum ganz bewusst das Bindeglied zwischen Wohnhaus und dem Wirtschaftstrakt.

Der Standort des Hofbaums ist also keineswegs streng festgelegt, sondern so unterschiedlich wie die Struktur und die Historie der landwirtschaftlichen Betriebe selbst. Ungewöhnliche Standorte haben eine weit zurückreichende Vorgeschichte wie es beispielsweise die Hoflinde eines Schwarzwaldhofes hat. Der Baum wurde dank des starken Ostwindes, der während eines Hofbrandes herrschte, nur von der Hitze versengt und kein Raub der Flammen, während das westlich davon stehende Haus mitsamt seinem damaligen Hofbaum eingeäschert wurden. Der neue Hof wurde abweichend von der traditionellen Ausrichtung hangparallel und viel größer errichtet, aber so, dass die Linde, die einzig und allein die Feuersbrunst überlebte, nun als „neuer“ Hofbaum die Hofeinfahrt beschützt. Oft hat er auch einen ganz profanen Platz: Er steht an der Stelle der ehemaligen Dunglege! Als in den 50er- und 60er-Jahren die Misthaufen und Güllegruben vor den Bauernhäusern verschwanden, wurde an ihre Stelle oftmals ein Baum gepflanzt, besonders gerne eine Rosskastanie:

„Hundert Jahre war eine Miststätte hier, heut' ist eine Kastanie des Hofes Zier“.

Üblich war es auch, einen Walnussbaum statt einer Rosskastanie zu pflanzen, sofern es die klimatischen Gegebenheiten zuließen. Das allgemein gute Gedeihen war aber weniger eine Folge des Restmistes, er war vielmehr auf die lockere Verfüllung der alten Grube, eines riesigen Pflanzlochs, zurückzuführen.

Idylle auf dem Land – mit zwei Linden präsentiert sich dieser schmucke Hof in Stangheck (Schleswig-Holstein).

Wie kam der Hofbaum früher auf den Hof?

Mancher Baum kam als wilder Samenanflug quasi von selbst auf den Hof! Eschen- und Ahornfrüchte sind dafür besonders geeignet und die Sämlinge wachsen unbeachtet heran, bis eines Tages jemand sein Herz für das schöne Bäumchen entdeckt und es groß werden lässt. Auf diese Weise gedieh eine Esche an einem hübschen Herrenhaus auf quellreichem Waldareal in den Schwäbisch-Fränkischen Waldbergen. Andere Bäume bleiben durch besondere Umstände erhalten, so beispielsweise eine heute den Hofraum dominierende Eiche im Ostmünsterland, die aus einer Baumreihe übrig geblieben ist.

Die meisten Hofbäume jedoch verdanken ihr Dasein einer gezielten Pflanzung aus einem besonderen Anlass, denn, so meinte ein Baumeigentümer: „Bäume sind immer das Ergebnis einer guten Tat."

Während der ungeheuerlichen Katastrophe von Tschernobyl im Jahr 1986 hat man auch im Hegau nichtsahnend die Frühlingssonne genossen. Ein geschädigter Landwirt hat damals in einem Akt ohnmächtigen Überlebenswillens gleichsam als Trutzbaum ein Lindenbäumchen auf seinen Hof gepflanzt. Es ist gut gediehen und hat beste Aussichten, einem alten Apfelbaum als Hofbaum nachzufolgen!

In der Vergangenheit wurde ein Hausbaum offensichtlich in den seltensten Fällen käuflich erworben. Man konnte in Oberschwaben einen Jungbaum gegen Naturalien vom kinderreichen Dorfschullehrer tauschen, der sich mit der Baumzucht ein Zubrot verdiente, und der Erbe hat heute eine prächtige 100-jährige Kastanie auf dem Hof. Oder man grub einen Baum im eigenen Wald aus – so passiert das wohl bis zum heutigen Tag mit den Sommer-Linden im württembergischen Allgäu. Man kann auch eine wild aufgewachsene Jungeiche vor der Rekultivierung einer Kiesgrube retten und auf seinen Hof pflanzen, weil diesem mit Wegfall der betonierten Dunglege, durch Umstellung von Milchvieh auf Pferdehaltung, im Jahr 1987 „einfach etwas fehlte". Mit Umsicht und Liebe ist der Findling zu einem wunderbar ebenmäßigen Baum herangewachsen, schöner könnte ein teurer Solitärbaum aus der Baumschule nicht sein!

„Gerettet" wurde auch ein heute wunderbares Exemplar der Schwarzen Walnuss (*Juglans nigra*), das auf einem Hof im Mainhardter Wald steht. Der Sämling war unter die jungen Fichten aus der Baumschule geraten, die zum Aufforsten bereitstanden. Im Forst war es damals, im Jahre 1912, nicht unüblich die Schwarznuss ihres Holzes wegen zu kultivieren. Hinter das Backhaus gepflanzt, gedieh der unbekannte Sämling prächtig, verwandelte dieses allmählich in ein schiefes Hexenhaus und hat die angestammte Hoflinde im Wachstum längst überflügelt – und so hat der Hof heute zwei Hofbäume! Eine andere „Rettung" ergab sich durch eine Straßen-

Der heute solitär stehende Hofbaum ist die letzte verbliebene Eiche einer einstigen Baumreihe auf diesem Anwesen in Glandorf (Osnabrücker Land).

Die Eiche aus der Kiesgrube ist inzwischen ein schattenspendender Hofbaum und beliebter Treffpunkt der Reiterjugend auf einem Pferdezucht- und Pferdepensionsbetrieb in einem Weiler Oberschwabens geworden (Landkreis Ravensburg).

Das Foto aus dem Familienalbum stammt vermutlich aus dem Jahr 1937, es zeigt Pferd, Hofbaum und Sohn des Hofeigentümers. Die Kastanie inmitten des Hofraums ist ein Jahr zuvor gepflanzt worden und steht nach über 70 Jahren noch immer auf dem Hof nahe bei Ellwangen (Ostalbkreis).

erweiterung im Wald: Das Forstamt vermachte einen überflüssigen Baum einem bauminteressierten Landwirt, der die exotische Wellingtonie (*Sequoiadendron giganteum*) liebevoll verpflanzte und zu seinem Hofbaum machte. Eine Rosskastanie gewinnt man als wilden Sämling am Bachbett; auch Nussbäume wurden gerne aus wilden Sämlingen herangezogen.

Oftmals hat man sich ein Bäumchen auch einfach schenken lassen. Die Verwandtschaft hat es mitgebracht und gut gemeint. Es sind die regional ausgefallenen Hofbäume, die „Ausrutscher". Die Kirsch- und Walnussbäume in klimatisch eher rauen Gegenden gehören gern in diese Kategorie.

In Niederbayern hat ein junger Bursche einmal beim Arbeiten im Pfarrholz eine Junglinde „mitgehen lassen", die sich inzwischen zu einer einmalig schönen Hoflinde ausgewachsen hat. Und weil dem jetzigen Pfarrer die Linde so gut gefällt, wurde ihm eines Tages die Herkunft seines Lieblings gebeichtet. Nun, so meinte er lächelnd, unser Herrgott wisse schon, wo er seine Bäume wachsen und gedeihen lasse.

1869

Wie alt sind Hofbäume?

Je älter er ist, desto mehr Wertschätzung wird einem Baum entgegengebracht. Das Alter ehrwürdiger Baumgestalten ist zwar hoch, wird aber weit überschätzt. Von wenigen legendären Hofbaumveteranen abgesehen, deren Alter mit 350 bis 400 Jahren angegeben wird, sind die ältesten Hofbäume etwa 330 Jahre alt, und erst nach den katastrophalen Verheerungen des Dreißigjährigen Krieges groß geworden.

Bei den Altbäumen der rund 330- bis 250-Jährigen handelt sich um Esche, Ahorn, Linde und Eiche – im Wettbewerbsgebiet der beiden baden-württembergischen Wochenblätter machen sie nur rund 3 % der Einsendungen aus. Bemerkenswerterweise stehen diese Bäume ausnahmslos auf Einödhöfen und bevorzugt auf ehemaligen klösterlichen Lehengütern. Aufgrund von Rechtsverordnungen gemäß den Naturschutzgesetzen der deutschen Bundesländer sind solche Bäume im Allgemeinen als Naturdenkmale geschützt. Sie gehören zu unseren ältesten Bäumen überhaupt, denn im Wald werden die Bäume lange nicht so alt. Aufnehmen können es mit solchen Hofbäumen nur noch Hudebuchen, Tanzlinden, Markbäume und Gerichtseichen. Selbstverständlich haben solche Hofbäume viele Generationen kommen und gehen sehen – wie es so schön heißt. Die Familien sind so alt wie ihre Bäume und in der 8. oder in der 15. Generation auf dem Hof!

Die Gruppe der etwa 250- bis 150-jährigen Bäume stellen etwa 8 % der in den beiden baden-württembergischen Wettbewerben erfassten Bäume und zeigen das gleiche Artenspektrum, wobei die Linden dominieren, denn hierzu gehören die vielen Sommer-Linden der Einödhöfe in Oberschwaben und im Allgäu. Im Gegensatz zu anderen Bäumen dieses Alters sind ihre Pflanzdaten bekannt. Die stärkste Kategorie mit etwa zwei Dritteln bilden die rund 140 bis 70 Jahre alten Bäume. In dieser Altersklasse tauchen erstmals und sofort dominierend die Kastanien und Nussbäume auf.

Auch alle Mostbirnbäume gehören dazu. Die vierte Altersgruppe bilden die nach dem letzten Krieg gepflanzten, heute 60-jährigen und jüngeren Bäume. Auch die Ersatzlinden auf den alten Höfen und die Jungbäume auf den neuen Aussiedlerhöfen gehören in diese Gruppe. Jüngere Bäume blieben unberücksichtigt, denn das Hofbaumleben fängt erst mit fünfzig an!

Es wird oft vermutet, an der Baumscheibe eines gefällten Baums könne man durch Auszählen der Jahresringe, das absolute Alter und die Pflanzzeit bestimmen. Im Laufe eines Baumlebens gehen jedoch die innersten Jahresringe und Holzteile zugrunde. Im Alter verzichten Bäume oft auf ein merkliches Dickenwachstum und viele werden hohl, nicht nur die Linde. Es sind daher nur Schätzungen möglich, dabei darf nicht vergessen werden, dass die Wuchsleistungen recht unterschiedlich ausfallen können. Besser als jede Altersschätzung ist die Suche nach gesicherten Nachweisen in Archiven oder Familienchroniken.

Anders verhält es sich mit dem Gebälk eines alten Bauernhauses. Hier kann die Dendrochronologie mittels eines Jahresringkalendariums exakt das Fälldatum des Firstbalken bestimmen und damit den Zeitraum der Erbauung nachweisen.

Ein Feldkreuz, eine Schaukel und zeitweilig auch das Brennholzlager befinden sich unter dieser mächtigen, 400 Jahre alten Linde in Diebersried (Oberpfalz).

„Wer hat den schönsten Hofbaum?" – Hofbaumwettbewerbe

In den vergangenen Jahren wurden von den Verlagen mehrerer landwirtschaftlicher Wochenblätter Hofbaumwettbewerbe unter dem Motto: "Wer hat den schönsten Hofbaum?" veranstaltet, um dieses lebendige, aber wenig beachtete Kulturerbe ins Blickfeld der Öffentlichkeit und der Baumeigentümer zu bringen. Wettbewerbe ausgeschrieben haben das BW agrar Landwirtschaftliche Wochenblatt mit Schwäbischer Bauer in Stuttgart bzw. Ravensburg, als Initiatorin schon im Jahr 2004 die Badische Bauern Zeitung in Freiburg, ferner das Landwirtschaftliche Wochenblatt Westfalen-Lippe in Münster, der Hessenbauer und das Bayerische Landwirtschaftliche Wochenblatt in München. Begleitet wurden die Ausschreibungen in den landwirtschaftlichen Blättern durch viele Artikel und Aufsätze, die sich mit dem Hofbaum beschäftigten – einmal mit Anleitung zum Pflanzen junger Hofbäume mit Hinweisen für die Wahl der geeigneten Baumart, ein anderes Mal mit praktischen Tipps für die Pflege von Baumveteranen.

Die Auswertung dieser Wettbewerbe wurde zur Grundlage des vorliegenden Werks, und allen Redaktionen und allen Wettbewerbsteilnehmern- und -teilnehmerinnen sei an dieser Stelle nochmals ganz herzlich gedankt, ohne sie wäre dieses Buch nicht machbar gewesen. Allein bei BW agrar haben 361 Hofbaumbesitzer teilgenommen, denen wir nicht nur die Standorte schöner Bäume verdanken, sondern auch viele Informationen. Mit verdientem Stolz auf den eigenen Hofbaum präsentierten die Teilnehmer viele Fotos von preiswürdigen Baumgestalten und dazu in erstaunlicher Fülle alte Baumgeschichten. Denn ein Baum ist immer ein Grund für eine Geschichte, und er ist bis heute Ausdruck lebendiger ländlicher Kultur geblieben. Da gab es zunächst die überlieferten Hof- und Baumgeschichten, die Jahrhunderte zurückliegen und mitunter von einem benachbarten Hof und Baum übertragen wurden. Die Jurymitglieder hatten aber beim Besuch der in die engere Wahl gelangten Höfe auch die seltene Gelegenheit, die Berichte von Augenzeugen zu hören, also persönliche Erinnerungen, die rund 70 Jahre weit zurückreichen, etwa noch bis in die Zeit des Zweiten Weltkrieges.

Außer den Bildern und den alten Geschichten gaben die schönen Einsendungen auch manche bäuerliche Weisheit rund um den Hofbaum preis. Über die Linde belehrt eine Altbäuerin: „Das Geheimnis der Linde ist einfach: Sie fängt die Sonnenstrahlen ein, wenn die Sonne am höchsten steht, und gibt im Winter die eingefangene Sonne im Lindenblütentee wieder heraus!" Auch deutsches Gedicht-

Die Esche auf dem Hierahof (Schwarzwald) erlangte den zweiten Platz eines Hofbaumwettbewerbes der Badischen Bauern Zeitung.

Diese mächtige Sommer-Linde in Mühlbolz (Allgäu) ist zu Recht Siegerin eines vom Landwirtschaftlichen Wochenblatt BW agrar ausgeschriebenen Hofbaumwettbewerbes.

und Liedgut wurde zitiert: „Herr von Ribbeck auf Ribbeck im Havelland, ein Birnbaum in seinem Garten stand“ und „Am Brunnen vor dem Tore, da steht ein Lindenbaum“.

Viele Teilnehmer und Teilnehmerinnen regte der Wettbewerb zum eigenen Dichten und Verseschmieden an. Das folgende stammt aus dem Allgäu und ist spontan für die Bewerbung „Wer hat den schönsten Hofbaum?“ unter der Hoflinde bei Isny-Beuren von der Eigentümerin verfasst worden:

D'Linde
Wenn de zu dem Hof na kumscht
Do siehscht an alte Linde.
Scho frühr' war des de Mittelpunkt,
Um ebes zum Verkinde.
Im Sommer gibt se reacht viel Schatte,
So isch scho mancher – it verlege –
Unter de Boom ins Gras nei gleage.
S' ischs Haus unds' Näscht
Für viele gfiedrete Gäscht.
Des zwitschret, jublet und singt,
Dass es bis zum Himmel nauf klingt.
Die Linde hot scho viel erleabet
Und manche Sache gseah,
wenn die des als verzelle müsst,
Däts an Roman zam gea.
Drum solscht an Achtung hong
Vor so am scheene Stuck Natur
Und eiserm Schöpfer danke,
Der die gmachet für seine Leit,
Für d' Gsonde und für d' Kranke.

Doch es gab nicht nur Literarisches! Phantasievolle Bilderserien und Kollagen, die das Leben des Hofbaums illustrieren, wurden in teils großformatigen Beiträgen präsentiert. In makellosem Deutsch handbeschriftete Fotos zeigten den Hofbaum im Winterkleid, im Laubaustrieb, im hochsommerlichen Dunkelgrün und im Herbstlaub! Nicht weniger aufwändig gestaltet waren die Druckerzeugnisse aus dem PC, denen gern das gesamte Werk auf CD beigefügt war. Alte Schwarzweißfotos vom Hofbaum und den Hofbewohnern waren besondere Leckerbissen für die Jury und haben weitgehend Eingang in das vorliegende Werk gefunden.

Alles in allem waren die Wettbewerbe eine gelungene Sache, und eine Teilnehmerin, die zwar keinen Preis erringen konnte, denn es waren einfach zu viele Einsendungen, versicherte: „Wir sehen unseren Hofbaum jetzt wieder mit ganz anderen Augen.“

Die Rolle des Hofbaums in den ländlichen Lebenswelten

„Ein Hof ohne Baum ist wie ein Brunnen ohne Wasser!", heißt ein altes Sprichtwort. Im Hofbaum verbünden sich auf kleinstem Raum das Zweckmäßige und das Schöne. Der Baum schützt vor Sonne und Wind und ist für das Kleinklima des Hofraums bedeutsam. Der Baum schmückt aber auch den Hof, verbindet und belebt ein Gebäudeensemble, vor allem aber verleiht er ihm Individualität oder wie es eine Hofeigentümerin ausdrückte: „Erst der Baum gibt dem Hof ein Gesicht".

Vielfach waren der Hofbaum oder andere dominante Bäume der Umgebung namengebend für die Höfe. Bezeichnungen wie Eichhof, Lindenhof, Eschhof und Buchhof zeugen davon.

Es wäre ein Fehler, nur die großen Bäume auf den großen Einzelhöfen mit ausgedehntem Landbesitz zu berücksichtigen. Selbst in den Dörfern gab es ja nicht nur die reichen Rossbauern oder Kuhbauern, sondern in differenzierten Abstufungen einfache und niedere soziale Schichten. Sofern sie überhaupt Haus und Landwirtschaft hatten, die auch aus einem einzigen Stück Vieh bestehen konnte, verzichteten sie nicht auf einen eigenen Hausbaum – von Hofbaum lässt sich hier schwerlich reden. Auch wenn er noch so bescheiden war, er erfüllte dieselben Funktionen wie die größte Eiche. Die räumlich beengten Verhältnisse und die Armut erforderten ein kleinwüchsiges und fruchtbringendes Bäumchen. Die typischen Hausbäume der landarmen Dorfbevölkerung waren der Birnbaum und der Holder, der Schwarze Holunder.

Wertschätzung und Bedeutung heute

Die Wertschätzung des Hofbaums beruht auch heute noch auf seiner Schattenwirkung und auf seiner poetischen Stimmung. Der Hofbaum ist Mittelpunkt des geselligen Beisammenseins, man schätzt sein gefiltertes Licht und seine Kühle. Für den Hofladen ist er Markenzeichen und „Ferien auf dem Bauernhof" wäre ohne ihn nicht denkbar!

Der Hofbesitzer ist stolz auf seinen Baum, und deshalb käme er nie auf die Idee, seinen Baum über die Mühen der Laubentsorgung zu definieren. Gewiss macht das Laubfegen und der Abtransport von „zwei Hängern voller Laub" und das jährliche Dachrinnenreinigen viel Arbeit. Dafür wird man aber auch mit fröhlichen „Familienblätterschlachten" belohnt.
Für Kinder ist der Hofbaum ein Schatz: Unterm Baum ist der Sandkasten, an seinem besten Ast hängt die Schaukel, das eigentliche Paradies aber ist das Baumhaus! Selbstgezimmert auf den ersten starken Ästen in der unteren Baumkrone, gleichsam zwischen Himmel und Erde, gibt es ein unbeschreibliches Gefühl der Geborgenheit, aber auch der Freiheit.

Zwei ausladende Linden umrahmen malerisch den Pfarrhof von Warin im Westen Mecklenburgs.

Über hundert Jahre alt ist diese Wasserbirne in Weichering (Bayern). Die süßen Birnen waren früher – getrocknet oder eingekocht – eine willkommene Abwechslung im Winterspeiseplan.

Dieser Walnussbaum in Argenbühl (Allgäu) ist im Sommer Schattenspender, im Herbst werden fleißig die heruntergefallenen Früchte gesammelt.

Der Hofbaum gibt Identität und Heimatgefühl. Mit Bedacht werden Hoferweiterungen so geplant, dass der Baum nicht beeinträchtigt, geschweige denn gefällt wird: Die größte Gefahr für den Hofbaum ist nämlich der Besitzer selbst, wenn der Baum dem Rangieren und der neuen Hofbepflasterung ein Hindernis ist.

Zum Glück sagen dann viele: „Wir haben es einfach nicht übers Herz gebracht, den schönen Baum zu fällen!“ Schließlich hatte ihn der Großvater persönlich gepflanzt. Leider wird bei der Hofpflasterung gern vergessen, dass Bäume Wasser brauchen und dass Luft zu ihren Wurzeln dringen muss.

Die offen gehaltenen Baumscheiben sind oft viel zu klein. Doch man erinnert sich an den alten Vers aus der Schulzeit, der, trotzdem er so oft zitiert wurde, hier wiedergegeben werden soll:

Zu fällen einen schönen Baum,
braucht's eine halbe Stunde kaum.
Zu wachsen, bis man ihn bewundert,
braucht's fast ein halb's Jahrhundert.

Geschätzt wird der Duft oder die Farbigkeit der Baumblüte, die bunte Herbstfärbung und das Vogelgezwitscher im Frühling. Man beobachtet die Stare, die im Astloch brüten, Kleiber, die am Stamm hochlaufen und junge Siebenschläfer, die in der Baumkrone spielen. Diese Wertschätzung erfahren Bäume auch auf solchen Höfen, welche die Landwirtschaft bis auf Hühnerstall oder Bienenhaus aufgegeben haben, selbst auf solchen, die verkauft wurden und nur noch zum Wohnen dienen.

Feiern unter Bäumen erzeugt auch bei „verstädterten“ Menschen eine freiere und offenere Stimmung. Der neue Besitzer lädt anlässlich der Nussernte zum Nussknackerfest ein, zum Lindenblütenpflücken, Maronenrösten oder zum Zithermusikabend unter der übernommenen Hoflinde.

Ein schöner alter und vor allem auch gesunder und kräftiger Hofbaum wird von seinem Besitzer als Glücksfall empfunden, so auch in den nachfolgenden Versen einer Familie aus Siebenknie im Murrhardter Wald.

Baumfreundlich gekiest ist das „Zimmer vorm Haus“ des Aldenhofs bei Kleve. Die nahe am Haus gepflanzten Rosskastanien spenden im Sommer dichten Schatten.

In einer Höhle im Stamm hat der Star sein Nest,
frohes Leben und Treiben herrscht im Geäst.
Hier bei Kaffee und Nusszopf sich wohlfühlen,
im Sand unter'm Nussbaum die Enkel spielen.
Dann kommt der Herbst, die Nüsse fallen,
Ein köstlicher Nusskern ist in allen!
Das Laub macht viele Schubkarren voll,
Die Kinder finden das Wegfahren toll!
Der Winter kommt mit Eis und Schnee,
Doch unserm Baum tut das nicht weh.
Er schläft und träumt von Schnee bedeckt,
Bis ihn die Frühlingssonne wieder weckt.

Blitzgefährdung

Angeblich sollen Eichen die Blitze anziehen und sind deshalb besonders vom Blitzeinschlag betroffen. Die Begründung lautet, ihre Borke sei triefnass vom Gewitterregen und die Eiche stünde „mit den Füßen“ ohnehin oft im Wasser. Auch die herausragenden kahlen Kronenäste werden fürs Blitzanziehen verantwortlich gemacht. Lokale Beobachtungen stützen solche Vermutungen ganz sicherlich. Doch naturwissenschaftlich Interessierte haben nachgezählt: Der Blitz schlägt mit statistisch gleicher Häufigkeit in Eichen wie in andere Bäume ein! Und der schöne Spruch: „Eichen sollst du weichen, Buchen sollst du suchen, kannst du Linden grad nicht finden!“ hat in der Vergangenheit sicher manchem Schutzsuchenden den Tod gebracht.

Seit der Erfindung des Blitzableiters und seiner zügigen Einführung bleiben Gebäude von Blitzschäden verschont, nicht so aber die firstüberragenden Hofbäume! Auf den Einöden werden diese Bäume viel vom Blitz heimgesucht! Das passiert etwa alle 50 Jahren, so etwa scheint die Regel. Der Einschlag ist so fürchterlich, dass man nachts das Haus kontrolliert – oft entdeckt man erst am Morgen die Brandfurche am Hofbaum. Falls das ehemalige Bienenhaus zu einem Gartenhäuschen umgebaut und es dabei zu dicht an den Baum gerückt und obendrein noch elektrifiziert wurde, dann ist das für den Blitz, der in den Baum eingeschlagen hat, „ein gefundenes Fressen“: Er lässt geschmorte Leitungen und verkohlte Steckdosen übrig!

Die in württembergischen Forstbezirken zwischen 1865 und 1870 gepflanzten

Wellingtonien oder Mammutbäume, die inzwischen längst höher sind als der sie umgebende Wald, werden besonders gern und wiederholt vom Blitz getroffen und vielen fehlt inzwischen die Krone. Um Spaziergänger nicht zu gefährden und aufwendige Sanierungen im Wald zu vermeiden, müssen die Wellingtonien dann oft gefällt werden. Nachdem nun von einer Dreiergruppe nur mehr eine übriggeblieben war, wurde von einer Spezialfirma ein Blitzableiter installiert, der an der wunderschönen roten Borke herabführt! Es wird nicht viele solche Waldbäume geben. Hofbäume mit Blitzableiter sind durch die Wettbewerbe nicht bekannt geworden!

Funktionen in der Vergangenheit

Die Funktion des Hofbaums war stets wandelbar wie die Landwirtschaft selbst. Eine ganz wichtige war wohl immer das Schattenspenden. Der Hofbaum schützte die hölzernen, zum Austrocknen neigenden Wagen und die rastenden Rossgespanne vor sengender Sonne, die vollen Erntewagen bei aufziehendem Gewitter vor dem Regen, und sein Schatten sorgte für das rechte Mikroklima in der Dunglege – ökologische Zusammenhänge waren vermutlich bekannt, bevor der Begriff erfunden wurde. Überhaupt hatten Bäume auf Gehöften eine wichtige ökologische Funktion. Bevorzugt an der Wetterseite stehend, hielten sie von Dach und Wänden Hagel, Schnee und Kälte fern. Und die Obstwiesen, die Weiler und Haufendörfer einhüllten, sorgten für ein ausgeglichenes Kleinklima.

Während der Stallzeit war der Baum Beschützer des Kinderwagens und Hüter der Kleinkinder im Laufstall. Und wurden die Kinder größer, dann musste der Hofbaum als Spiel- und Kletterbaum herhalten. Ein Baumhaus hat man darin gebaut und ist mit der Katze um die Wette geklettert! Die Eltern schenkten ihren Kindern den Glauben an eine Baumfee, die hoch in der Krone lebe, und Hof und Familie schütze. Oder sie deuteten den Kindern die Löcher ausgebrochener Äste als Gänge und Zugänge in eine andere Welt.

Das Herbstlaub wurde als Einstreu in den Stall gekehrt, denn es gab eigentlich nichts Nutzloses auf dem Bauernhof. Im Baum wurde die Hofglocke installiert, die für die auf dem Feld Arbeitenden die Mittagszeit oder den Fliegeralarm ankündigte. Aus der alten Zeit stammen meist auch die ring-

In Siebenknie im Murrhardter Wald (Rems-Murr-Kreis) macht die Laubentsorgung Spaß. Die Kinder genießen es, sich mitsamt dem Laub des Nussbaums wegkarren zu lassen.

Noch Anfang Juni war im Jahr 1970 die Esche vor dem Schwarzwaldhaus unbelaubt. Im Vordergrund steht die Hoferbin vom Nazihäuslehof (Ignazius verkürzt zu Nazi) mit drei Wälderpferden oder „Schwarzwälder Füchsen" (Landkreis Breisgau-Hochschwarzwald).

förmigen festen Holzbänke, denn der Hofbaum war selbstverständlich auch früher schon Ort des Zusammenseins nach Feierabend. War der Bauer auch noch Musikant und spielte Volkslieder mit der sogenannten Zugorgel, so war das Fest perfekt. Und natürlich wurden auch Liebesbande unter der Hoflinde geknüpft. Und manchen Seufzer hat sie gehört, einer ging so: „Die schönen Männer gehen alle ins Kloster – und uns bleibt der ‚Kruscht'!"

Selbstverständlich waren die im Freistand aufgewachsenen Bäume im unmittelbaren Umfeld des Hofes eine Wertanlage, und auch der Hofbaum war den Verlockungen und Gefährdungen der Holzaufkäufer ausgesetzt. In der Not der Inflationszeit sollte die Wirtshauseiche in einem Dorf der Haller Ebene ihres Holzwertes wegen gefällt werden, doch das Kaufgebot war zu niedrig und so blieb sie glücklicherweise stehen – sie hat inzwischen eine Attacke des Eichenprozessionsspinners und die Dorfkanalisation überstanden und ist heute als Naturdenkmal ausgewiesen. Besonders Walnussbäumen drohte dieses Schicksal.

Das Großwerden neben dem Misthaufen versprach nach alter Volksmeinung eine besonders intensive Holzmaserung und damit einen hohen Kauferlös. Nicht von ungefähr heißt es über den Hofbaum in einem Gedicht: „und mancher, der mit Holz umgeht, möchte gern ihn kaufen, wie er steht". Sein besonderer Status bewahrte den Hofbaum aber, zumindest im Gedicht, vor diesem Schicksal: „Noch ist nicht alles feil um Geld, der Baum wird stehn, bis Gott ihn fällt."

Schutzbaum und Schicksalsbaum

Ein Hofbaum ist mehr als ein Schattenspender und eine Zierde des Hauses, er ist ein Schutz- und Trutzbaum, der magische Kräfte hat und an den das Schicksal des Hofes gebunden ist.

Blitzabwehr

Er war nicht nur Blitzableiter, weil er, höher als das Haus, am ehesten vom Blitz getroffen wurde, sondern er soll auf magische Weise den Blitz auf sich zu lenken und so Haus und Hof vor Schaden zu bewahren vermocht haben!

Schließlich wurde ihm sogar zugetraut, dass er die Blitze selbst abwehre und vor Unheil und finstern Mächten schütze. Religiöse und mythische Vorstellungen machten ihn im Volksglauben zum Beschützer von Haus und Hof, Mensch und Vieh. Er wurde zum ehrfürchtigen Symbol der Geborgenheit, des Beharrens und der Stärke.

Heilzauber

Der Hofbaum hatte auch volksmedizinische Bedeutung im Heilaberglauben. Es mag sein, dass Lindenblüten vom eigenen Hofbaum der Heilung förderlicher galten als andere. Davon soll aber nicht die Rede sein, sondern von sogenannten Sympathieheilglauben. Dabei werden die eigenen Krankheiten und Bresthaftigkeiten durch Zauberformeln auf Gegenstände der Umwelt übertragen. Bäume galten als besonders geeignet dazu. Eichbäumchen waren für die Bruchheilung (Hernien) bei Kindern zuständig. Eine heute etwa 180-jährige Hofeiche in Hohenlohe diente noch in ihrer Jugend dieser volkstümlichen Heilbehandlung: Der Stamm des Bäumchens wurde gespalten und von jemandem offen gehalten, das „brüchige" Kind wurde von einem anderen durch den Spalt, den Kopf voran, durchgedreht, und von einem Dritten in Empfang genommen. Der Leistenbruch sollte auf den Baum übergehen, und so wie sich die Baumwunde schließt, so sollte auch der Leistenbruch des Kindes heilen!

Familienbaum

Familiäre Anlässe sind der wichtigste Beweggrund für eine Baumpflanzung. Die Eheschließung ist das häufigste Motiv. Oft kommt zur Hochzeit zeitgleich die Hofübergabe oder die Hofgründung hinzu! Gedeih, Wachstum und Fruchtbarkeit galten als Symbole des Eheverlaufs! Der Hochzeitsbaum, den der Bräutigam im Rahmen seiner Eheerlaubnis nach der Hochzeit zu pflanzen hatte, quasi für das Gemeinwohl des Dorfes, hatte auch eine dem Sympathiezauber entlehnte Bedeutung: Bringt der Baum gute Früchte, dann ist auch die Ehe famos.

Der Geburtstagsbaum, der anlässlich der Geburt eines Kindes gepflanzt wird, ist nur regional bekannt, scheint aber „im Kommen" zu sein. Im Chiemgau war es vor

Ein gemütlicher Sitzplatz unter der Hoflinde in Schmiddis (Allgäu) lädt zum Verweilen ein.

Schutz vor Wind, Wetter und Blitzschlag bietet die Eiche dem Fuchshof in der Oberpfalz.

dem Krieg noch üblich bei der Geburt eines Kindes einen Obstbaum, einen „Kindlbaum" gleichsam als Doppelgänger des Kindes der Erde zu übergeben, und zwar einen Apfelbaum für ein Mädchen und einen Birnbaum für einen Knaben.

Selten wurde wohl bei diesen Hochzeits- und Geburtsbäumen an einen Hofbaum gedacht, vielfach ist er dazu geworden! Auch aus ernsteren Anlässen wurden früher Bäume gepflanzt.

Ein immer wiederkehrendes Motiv ist die Baumpflanzung für Familienmitglieder, die den Hof für immer verlassen. In den vergangenen 70 Jahren waren solche Anlässe: Einberufung von Vater und Sohn mit der Hoffnung auf eine glückliche Heimkehr aus dem Krieg, Schulentlassung, Hofübergabe an den Neffen, Amtseinführung als Bürgermeister, Primiz des Bruders, Weggang der sich verheiratenden Schwester, Auswanderung des Bruders nach Amerika. Der Gedeih des Baumes steht für das Wohlergehen in der Fremde, und der Baum wird zum Erinnerungsträger und Schicksalsbaum.

Dingliche Erinnerung

Ein Hofbaum hält die Erinnerung an Notzeiten und überstandene Gefahren wach, er ist das dingliche Gedächtnis der Hofbewohner und Träger der Hoftradition. Es gibt Familien, die in dritter oder vierter Generation das traditionelle Hochzeitsfoto immer unter demselben Hofbaum machen. Für Jurymitglieder sind die Fotos ein schönes Dokument zum Baumwachstum unter Hofbedingungen. Für die Familie ist der Hofbaum ein Trauzeuge ganz besonderer Art, er verbindet mit den gewesenen Generationen oder Vorbesitzern.

Der Gedeih des Baumes gilt als Zeichen für das Wohlergehen der Hofbewohner. Er bewahrt die Geschichte des Hofes und die Schicksale seiner Bewohner, oft wird ihm ein eigenes Erinnerungsvermögen unterstellt! Da heißt es dann: „Wenn der Baum erzählen könnte!" Die elementarsten Ereignisse und Bedrohungen der letzten 100 Jahre in den ländlichen Lebenswelten waren Katastrophen wie das Hochwasser am Niederrhein von 1926, die Gefechte des Zweiten Weltkriegs und der Einmarsch fremder Truppen oder die große Sturmflut an der Unterelbe von 1956. Der Hofbaum wird dann zum Symbol des Lebens und Überlebens und des Neubeginns. Wie anders sollte auch im Frühjahr 1946 das unerwartete Ergrünen einer verbrannten Kastanie mitten in der Hofruine aufgefasst werden? Der Hofbaum ist immer auch Erinnerungsbaum und die Baumkultur ist ein Stück Erinnerungskultur, sie schützt vor Gedächtnisverlust.

In der globalisierten Welt wird der Hofbaum in ganz anderer Weise schicksalsweisend und eine Altbäuerin meinte tiefsinnig: „Eher goht's mit dr' Landwirtschaft z' End, denn mit seller Lend". (Eher geht es mit der Landwirtschaft zu Ende, als mit dieser Linde.)

Nachklang des alten Baumkults

Der respektvolle Umgang mit dem Hofbaum und seine Beschützerrolle erinnern an die Verehrung alter Bäume als Sitz guter Geister in der vorchristlichen Glaubenswelt. Auch dem Hofbaum galt diese Ehrfurcht, denn die Seelen der verstorbenen Hofbewohner ziehen nach dem alten Glauben in den Schutzbaum ein und nehmen, durch die Kulthandlung versöhnt, am Schicksal der Nachgeborenen teil. Der Hofbaum stellt damit die Verbindung zu den vergangenen Generationen her, an ihn ist das Schicksal der Familie gebunden.

Bäume sind für uns Sinnbild des Lebens, der Weltenordnung und des Seins. Das erste Menschenpaar ist nach altgermanischer Vorstellung, wie uns die Edda berichtet, aus Bäumen „entsprungen", der Mann aus der Ulme und die Frau aus der Esche, jedenfalls wohl aus Holz und nicht aus Lehm. Die Baumgestalt der Weltenesche Yggdrasil, an deren Fuß die Nornen sitzen, verbindet durch Wurzelwerk und Krone die unterirdischen Abgründe mit dem Himmel, während der Bereich über der Erde, die mittlere Welt, die unsere ist.

Ein Hofbaum ist immer eine repräsentative und traditionsreiche Kulisse für ein Hochzeitsfoto. Dieses hier zeigt eine Hochzeitsgesellschaft aus dem Jahr 1952 vor der damals 55-jährigen Hofkastanie auf dem Kornberg im Limpurger Land (Landkreis Schwäbisch Hall).

Auch in den Mythen anderer alter Kulturen sind Bäume die Mittler zwischen den drei Welten, sie sind Sinnbild und Träger des Kosmos.

Besonders die Linde galt neben der Esche in den germanischen Sagen als Verkörperung der Dreiheit des Kosmos. Man ließ die Linde daher als Stufenlinde wachsen. Der Raum am Boden gehörte den Dämonen, oberhalb der ersten Aststufe war das Reich der Menschen, darüber, in der Krone, wohnten die Götter.

Die untersten Äste einer solchen Stufenlinde wurden waagrecht gebogen und auf einem Gestell abgelegt. Bei den vielerorts erhaltenen morschen Tanzlinden handelt sich um Stufenlinden. Sie bekamen auf den waagrechten Ästen einen festen Tanzboden und immer wieder neues Stützwerk.

Reigentänze waren es ursprünglich, man umkreiste den Stamm im „Ringelreihen", wie es im Kinderreim heißt, sie hatten etwas mit sogenannten Umritten zu tun, mit der magischen Kraft des geschlossenen Kreises. Die Kirche machte die Prozessionen daraus, nachdem es nicht gelungen war, die heidnischen Tänze und Umritte zu verbieten.

Zur Erinnerung an die Priesterweihe eines Familienmitgliedes wurde 1943 diese Linde in Untergriesbach in Niederbayern gepflanzt.

Der Hofbaum als Element der Kulturlandschaft

Der Reiz der alten Kulturlandschaften Deutschlands beruht auf dem harmonisch in die Geländelinien eingefügten Zusammenwirken von Wäldern, Feldern und Wiesen. Vielfältige Strukturen wie Hecken, Bachgehölze und Feldbäume vervollständigen das Gefüge.

Dörfer, Weiler und Gehöfte, die von Bäumen oder Obstwiesen umgeben sind, bereichern das Landschaftsbild. Es sind Agrarlandschaften, durch landwirtschaftliche Nutzung geschaffen und geprägt, durch eine zwar intensive, aber kleinräumige Bewirtschaftung. Viele Strukturen, die wir heute als Biotope schützen, waren nutzbringend und bewirtschaftet. Bewahrt blieben allerdings auch bei intensivster Nutzung die naturräumlichen Eigenheiten und das sogenannte Landschaftstypische wurde sogar gefördert.

Hofbäume und Baumreihen

Großkronige alte Hofbäume, welche die Dachfirste überragen, sind bedeutsame landschaftsästhetische Elemente dieser alten Kulturlandschaften. Ebenso wirksam im Landschaftsbild sind Baumgruppen und Baumreihen im Umfeld der Gehöfte. Sie beziehen die Leibgedinge und Nebenanlagen ein und verbinden die baulichen Anlagen zu einem Ganzen. Lineare Hofbegrenzungen aus Reihen dickstämmiger Eichen, oft auf einem Wall, sind charakteristisch für niedersächsische Hallenhäuser in Westfalen. Sie schirmen ab und lassen jedes Gehöft in einem eigenen Eichenwald, der Bauholzreserve für die Erben, stehen. In einer reliefarmen flachen Landschaft haben sie eine stark raumbildende Wirkung und schaffen eine gekammerte Kulturlandschaft. Das regionalspezifische Siedlungsgrün gibt einer Landschaft kulturelle Eigenart und Identität. Die Kulturlandschaften sind nicht auf Uniformität, sondern auf Vielfalt ausgerichtet.

Landesfürstliche Maßnahmen zum Pflanzen von Bäumen

Bis zum Selbstständigwerden der Bauern und der Allodifizierung der Lehengüter im 19. Jahrhundert waren Vorgaben des Lehenherrn oder der Landesherrschaft richtungweisend für die Baumart auf dem Hof! Sommer-Linden, Edel-Kastanien und Nussbäume verdanken vielfach ihre Existenz den landesfürstlichen Förder- und Entwicklungsmaßnahmen der Aufklärungszeit. Schon nach den Verheerungen des 30-jährigen Krieges gab es in den deut-

Der Hegau ist eine vulkanisch geprägte Landschaft nordwestlich des Bodensees. Streuobstwiesen, Hofbäume, Obstbäume, Sträucher und Hecken sind prägende Elemente dieser harmonischen Kulturlandschaft.

Deutlich überragt die alte Rosskastanie das Wohnhaus des Ziegenhofs Loretto oberhalb des Klosters Zwiefalten (Schwäbische Alb). Auch ein Jungbaum wurde gepflanzt.

Dicht umpflanzt mit Bäumen sind die verstreuten Höfe am Beverstrang nur im Winter vom umliegenden Wald zu unterscheiden.

schen Ländern nicht nur Bauverordnungen für Höfe und Domänen, sondern auch Verfügungen zum Anpflanzen von Bäumen. Im Kurfürstentum Brandenburg wurde nicht nur die Wiederherstellung verschütteter Brunnen mit Bereitstellung eines Wassereimers befohlen, sondern auch Baumpflanzungen an den Ausfallstraßen Berlins angeordnet. „Unter den Linden" entstand auf diese Weise. Auf Baumfrevel stand übrigens Abhacken der Hand, weshalb die Linden stehen blieben und niemandem die Hand abgehackt wurde. Der Große Kurfürst erließ 1686 ein Edikt, indem es heißt: „... es soll auch allen Pfarrern in allen Unseren Ämtern und anderen Domänen hiermit ernstlich und bei Vermeidung schwerer Verantwortung anbefohlen sein, dass sie hinfort und von Dato kein Paar Eheleute trauen sollen, es habe denn der Bräutigam, er sei vorher ein junger Gesell oder Witwer gewesen, von seiner Amtsobrigkeit einen beglaubigten Schein und ein schriftliches Zeugnis produziert, dass er zum wenigsten sechs Obstbäume gepfropft und sechs junge Eichen an einem bequemen Ort gepflanzt habe." Die Anpflanzung von Edel-Kastanien am Unteren Niederrhein, im ehemaligen Herzogtum Kleve, wo diese Baumart noch heute als Hofbaum üblich ist, wird dem Landesförderprogramm von Johann Moritz von Nassau-Siegen zugesprochen, dem „Statthalter" des Großen Kurfürsten.

Eichen zog man in baumschulähnlichen Betrieben heran, die in Norddeutschland Heisterhof, Hesterkamp oder Telgengarten hießen. Ob auch Hofbäume bezogen werden konnten, und ob ihre Anpflanzung angeordnet wurde, könnten Studien in den einschlägigen Archiven erbringen.

In den süddeutschen Territorien wurden Obstbaumalleen an Straßen und Chausseen geschaffen. Sie spendeten den Reisenden und ihren Pferden Schatten, verbesserten durch den Obstertrag die Ernährungssituation der Bevölkerung beträchtlich und dienten der allgemeinen Landesverschönerung, auf die ein Fürst der Aufklärungszeit großen Wert legte. So heißt es in der Wegeordnung von 1772 des Herzogs Carl Eugen von Württemberg: „... dass es dem Wohlstand und der Zierde, wie zugleich dem Nutzen und der Nahrung unserer lieben und getreuen Untertanen sehr angemessen und förmlich wäre, wenn die durch unsere herzoglichen Lande ziehenden Chausseestraßen zu beiden Seiten mit fruchttragenden Bäumen besetzt werden.“ Als lineare Strukturelemente säumen Reste von Mostbirnreihen noch heute Feldwege und Landsträßchen in den klassischen Obstbaugegenden Süddeutschlands. Sie zählen zum Streuobstbau, der im Allgemeinen flächenmäßig ausgedehnt ist.

Auch der typische Streuobstbau, die Doppelkultur aus hochkronigen Obstbäumen und zweischüriger Wiese oder Ackerland, erfuhr einen gewaltigen Aufschwung in jener Zeit. Heute, wo die Streuobstwiesen lückig sind, erscheinen die Apfel- und Birnbäume eingestreut. Damals entstanden regelmäßig gerasterte Baumkulturen, die nicht zuletzt der Verschönerung der Landesnatur dienten!

Noch vor wenigen Jahrzehnten waren in Süddeutschland und Österreich viele Einzelhöfe und Streusiedlungen von Obstwiesen umgeben. Dieser breite grüne Gürtel verband die Siedlungen mit der umliegenden Landschaft.

Typischer Dreiseithof eines Weilers im Limpurger Land (Landkreis Schwäbisch Hall) aus der zweiten Hälfte des 19. Jahrhunderts mit giebelständigem Wohnhaus, gegenüberliegender Stallscheuer mit Hühnerhaus, sowie zurückliegendem Nebengebäude mit Brennerei. Unter der Hofkastanie findet noch immer die alljährliche Fleckviehzuchtschau von Kornberg statt.

Altsiedelland

Die Siedlungsform bestimmt in hohem Maße die kulturelle Eigenart einer Landschaft.

Landschaften mit geschlossenen Haufendörfern sind arm an Hofbäumen. Die typische Bauernhausform der Dörfer im Altsiedelland war in Südwestdeutschland das aus dreiseitig angeordneten Gebäuden bestehende sogenannte „fränkische“ oder „mitteldeutsche Gehöft“, das es bei genauem Hinsehen immer noch gibt. Hofbäume sind heute selten, sie kommen aber vor, beispielsweise im Vorland der Nördlichen Frankenalb. Als Hoflinden oder Nussbäume treten sie auf, gerne an der Hofeinfahrt, wo sie das Dorfbild bereichern. In den meisten Haufendörfern war Erbteilung gang und gäbe, und die Dreiseithöfe fehlen daher oder wurden durch zahlreiche „Kümmerformen“ besonders in den nachverdichteten Haufendörfern der ehemaligen Realteilungsgebiete Altwürttembergs ersetzt. Platz für großkronige Hofbäume gab es auf den schmalen Hofplätzen nie, ganz ohne Hausbaum wollte man aber nicht auskommen

und so wählte man gern den Birnbaum. Und die den beengten Platzverhältnissen angepassten Birnbäume neben den ehemaligen bäuerlichen Häusern sind bis heute eine besondere Zierde der längst zu urbanen Wohnregionen gewordenen Orte.

Das Problem, einen Hofbaum in geschlossener Ortslage mit kleinen verwinkelten Grundstücksflächen zu würdigen, der im Vergleich zu einem solitären Baum eines Einzelhofs kaum Preischancen hätte, führte in den Hofbaumwettbewerben zur Differenzierung der Hofbäume in eben diese beiden Kategorien.

In den Haufendörfern oder Gewanddörfern übernahm die Dorflinde die Funktion des Hofbaums, wie umgekehrt dieser den Ortsbaum auf den entlegenen Weilern und Höfen. Die Obstgärten oder Obstanger, die zu jeder Hofstelle im Dorf gehörten, übernahmen die Eingrünung und Gliederung der Siedlungen, und ließen sie zur Blütezeit in einem weißen Rahmen prangen!

Es waren hochstämmige Apfel- und Birnbäume, gebietsweise auch Kirschen. Die ehemals eingezäunten Obstanger leiteten in die Streuobstbestände über, die einen weiteren Gürtel um die Siedlungen legten. Sie erfüllten alle Wohlfahrtsfunktionen, die solitäre Bäume auch haben, sie waren Lebensraum und Nahrungsquelle für Vögel und Kleintiere und sorgten für ein ausgeglichenes Kleinklima.

Jungsiedelland

Klassische „Hofbaumlandschaften“ sind sogenannte jung besiedelte Landschaften, die beispielsweise auf die mittelalterlichen Rodungen in den Hochlagen der Mittelgebirge zurückgehen. Die Siedlungsform ist der große Einzelhof oder die Gehöftegruppen, die Drubbel oder Weiler heißen. Im Allgemeinen herrschte geschlossene Vererbung, das sogenannte Anerbenrecht, das überall einen konservierenden Einfluss auf die Hofstruktur ausgeübt hat. Auf die-

Stattliche Einödhöfe prägen die Landschaft des Allgäus. Häufig werden die Höfe, wie dieser schmucke Hof in Ölstauden, durch großkronige Linden in die Landschaft eingebettet.

Riesig sind die Ausmaße dieser Hof-Linde bei Engelsberg in Oberbayern. Der Kronendurchmesser beträgt 30 m und der Stamm umfasst 7,60 m.

sen großen Höfen stehen die prächtigen Hofeichen und Hoflinden!

Ein typisches Jungsiedelland ist der Mittlere Schwarzwald, er ist durch Einzelhofsiedlung geprägt. Die typische Hausform ist das sogenannte Schwarzwaldhaus, eine Sonderform des alemannischen oder oberdeutschen Einhauses. Es existierte ursprünglich in mehreren regionalspezifischen Ausprägungen. Charakteristisch ist die Holzbauweise, das geschindelte Krüppelwalmdach, die Querteilung des Hausraums und ein über dem Wohnbereich und dem Stall gelegener Heuboden, der über eine Hocheinfahrt vom Berg her oder über eine Aufschüttung befahren werden kann. Die behäbigen alten Holzbauten, auch die Leibgedinge, haben fast immer prachtvolle alte Hofbäume! Verbreitet sind Esche, Sommer-Linde, Stiel-Eiche und Berg-Ahorn. Sie entstammen verschiedenen Höhenlagen der heimischen Bergwälder, denn der Schwarzwald ist ja bekanntlich ursprünglich kein Nadelholzgebiet.

Eschen kommt eine besondere Bedeutung zu, denn ihr Laub war bis ins letzte Jahrhundert ein wichtiges Viehfutter auf den Einöden des Hochschwarzwalds. Eschen sind nicht nur als Hofbaum und als Hüter der Hocheinfahrt verbreitet, sondern auch als Eschenreihen und Eschenalleen an den Hofzufahrten. Sie gaben im schneereichen Schwarzwald einst sicheres Geleit und sind heute als auffällige lineare Strukturen ein charakteristisches Landschaftselement des Mittleren Schwarzwalds.

Die Veränderlichkeit bäuerlicher Siedlungsformen

Hofbäume und Baumgruppen auf Gehöften sind in Verbindung mit Hausform und Siedlungsstruktur Zeugnisse der Siedlungsgeschichte und Agrarentwicklung in Deutschland. Die Siedlungsformen waren nicht unwandelbar und im Laufe der Agrargeschichte sind Einzelhöfe zu Weilern geworden oder neue Einzelhofgebiete entstanden, ebenso wie die landreichen Gutshöfe mit teils bäuerlichen teils schlossartigen Herrenhäusern. Sie findet man besonders im Bundesland Schleswig-Holstein, z. B in Nord-Angeln und in Mecklenburg-Vorpommern, während sich die landarme Bevölkerung mit Katen oder noch ärmlicheren Hütten zu begnügen hatte.

Als Beispiel sei das Einödsystem im südlichen Oberschwaben und im Allgäu angeführt. Landschaftsbestimmend sind Einödhöfe vom Typ des alemannischen oder oberdeutschen, quer geteilten Einhauses, heute inmitten ausgedehnter Grünlandwirtschaft. Sein typischer Hofbaum ist eine großkronige Linde, die „so alt wie die Vereinödung" ist. Darunter versteht man eine Flurbereinigungs- und Aussiedlungsbewegung, die das Allgäu und Oberschwaben über 200 Jahre lang bis etwa 1820 erlebte, begünstigt durch das Stift Kempten, wo die Bewegung ihren Ausgang nahm, sowie durch das Entgegenkommen der niederadeligen Herrschaft. Absicht der Vereinödung war, die zerstreuten Grundstücke eines Hofes in einer einzigen Hofmark oder Einöde zusammenzulegen. Der Begriff stammt aus dem Althochdeutschen und „einodon" bedeutet soviel wie „vereinigen".

Mit dem Prozess der Vereinödung verbunden war meistens der Ausbau, d.h. die Verlegung der Hofstelle auf die Einöde. Ganz offensichtlich war damit auch die Pflanzung eines Schutzbaumes verbunden, und zwar immer einer Sommer- oder Winter-Linde. Das Einödsystem begünstigte auch die Erhaltung, und so gibt es in dieser Region eine stattliche Zahl von rund 220-jährigen Linden, vornehmlich Sommer-Linden, die im niederschlagsreichen Allgäu auch sonst allenthalben an Feldkreuzen und Kapellen stehen.

Heute sind die Höfe durch hinzugekommene landwirtschaftliche Wirtschaftsgebäude oder durch Güterteilungen zu Weilersiedlungen geworden, dominierend ist aber immer noch das oberschwäbische Einhaus mit seiner Linde.

NATUR-
DENKMAL

Hofbaumarten

Bemerkenswerterweise gibt es unter den Hofbäumen viele verschiedene Arten. Fast ausschließlich handelt es sich um Laubbäume. Da sind zunächst einmal die wohlbekannten Bäume unserer heimischen Wälder, nämlich Linde, Eiche, Esche und Ahorn.

Hinzu kommt die viel geliebte Rosskastanie, ihr folgen als fruchttragende Kulturarten Walnuss und Edel-Kastanie sowie der Birnbaum.

Waldbäume wachsen auf einem Gehöft in anderen Licht- und Bodenverhältnissen als im Wald. Sie sind bei fehlender Konkurrenz viel lebenskräftiger als ihre eigentlichen Standortbedingungen vermuten lassen. So verwundert es nicht, dass das Verbreitungsspektrum der ursprünglich aus dem Wald stammenden Hofbaumarten ein recht weites ist. Doch solches gilt ja auch bei der Verwendung der Eiche als Parkbaum im Landschaftsgarten, der Linde als Flurbaum auf der Feldhöhe oder als Kapellenlinde auf einsamem Hügel und der Eibe als schattiges Grün auf unseren Friedhöfen. Selbstverständlich spielen Klimafaktoren eine Rolle wie etwa die Höhenlage, bemerkbar macht sich das beispielsweise in den Voralpen und im Schwarzwald, wo Berg-Ulme und Berg-Ahorn vorkommen, aber Rosskastanie und Nussbaum fehlen.

In Norddeutschland wird zweifelsohne die Eiche als Hofbaum bevorzugt, im südwestdeutschen Raum nimmt die Linde diese Rolle ein. Die Rosskastanie kam im 19. Jahrhundert auch auf dem Land in Mode und ist bis zum heutigen Tag wohl der häufigste und verbreitetste Hofbaum in Deutschland. Mostbirnbäume finden sich gehäuft in den traditionellen Obstbaulandschaften und die Nussbäume in den Weinbaugegenden oder in Gebieten mit verwandtem Klima.

Die Besitzer der Kleinbauernhäuser der landarmen dörflichen Schichten, die Seldner, Häusler und Kleingütler, verzichteten nicht auf einen Hausbaum, mussten sich aber mit einem Birnbäumchen oder Holunderbusch begnügen.

Ausschlaggebend bei der Wahl der Baumart ist auch heute noch die Tradition. Es wird der landesübliche oder ortsübliche Baum gewählt. Vermutlich findet darin das sprichwörtliche bäuerliche Beharrungsvermögen seinen Ausdruck. Neuerungen haben es tatsächlich schwer. Eine heute stattliche Hoflinde, die in den 1950er-Jahren gepflanzt wurde, verdankt ihr Dasein dem Durchsetzungsvermögen der jungen Braut, die sie als Erinnerung an ihre norddeutsche Heimat mitgebracht hatte, obgleich der Schwiegervater im schwäbischen Neckarland viel lieber einen Nussbaum gesehen hätte, „weil der was trägt". Nicht-ortsübliche Baumarten sind oft familiäre Geschenke, so Walnuss oder Kirschbaum im Allgäu, wo sie dann, wenigstens solange sie jung und empfindlich sind, eigens vor dem kalten Allgäuer Ostwind geschützt werden.

Zwei stattliche Linden zieren diesen Hof in Ehlbeck (Lüneburger Heide).

Wegen ihrer Früchte wurden in Franken und Oberbayern oft Birnbäume als Hofbäume gepflanzt. In ungünstigen Lagen stehen sie windgeschützt auf der sonnigen Südseite des Wohngebäudes.

Äußerst selten ist die Berg-Ulme, die vor dem Ulmensterben möglicherweise im Bereich der Voralpen verbreiteter gewesen ist, entsprechendes gilt für die Flatter-Ulme am Niederrhein, in Rheinhessen und der unteren Elbe. Neben dem Birnbaum wird im BW agrar-Wettbewerb immer mal wieder der Apfelbaum genannt, auch Kirschbäume kommen vor, sowohl Süßkirschen als auch Sauerkirschen in verschiedenen Kulturvarietäten. Besonderheiten unter den Hofbäumen sind über 120-jährige Robinien oder Scheinakazien (*Robinia pseudoacacia*), die wegen ihrer Dornen nicht von ungefähr abseitig auf einem Grasplatz stehen. Raritäten sind Platane und Rotdorn sowie ein 30-jähriger Trompetenbaum (*Catalpa* sp.) und der als Zierbaum in Parkanlagen gebräuchliche Blauglockenbaum (*Paulownia tomentosa*). Nadelbäume hatten als Hofbaum relativ wenig Chancen. Das schließt selbstverständlich nicht aus, dass auch die Fichte (*Picea abies*) zum Hofbaum werden konnte. In den Voralpen ist die Fichte, die umgangssprachlich „Tanne" heißt, der Hofbaum par excellence. Und vor der Gebirgskulisse wirkt eine rundum tief beastete, schlanke Fichte an einem Bauernhaus mit alpenländischem Flachdach sehr majestätisch. Selbst die Wellingtonie (*Sequoiadendron giganteum*), die auch Riesen-Mammutbaum heißt, und der verwandte Urweltmammutbaum (*Metasequoia glyptostroboides*) haben es zum Hofbaum bringen können.

Auf dem Benzbachhof im Zabergäu (Lkr.Heilbronn) wurde der Apfelbaum, der bei der Aussiedlung als Hofbaum aus der Baumwiese übernommen wurde, im Jahr 1979 altershalber durch ein Nussbäumchen ersetzt und wuchs dort „in fröhlichem Duett mit den Kindern um die Wett'."

Linde

Sommer-Linde (*Tilia platyphyllos*), Winter-Linde (*Tilia cordata*)

Hoflinde

Die Linde ist Deutschlands Kulturbaum schlechthin und die Hoflinde ist fast so bekannt wie die Dorflinde. Von allen Hofbaumarten ist sie geografisch am weitesten verbreitet. Genau besehen handelt es sich um zwei Lindenarten, die Sommer-Linde und die Winter-Linde; sie sind beide gleichermaßen populär und selten wird zwischen ihnen unterschieden. Ihre Standortansprüche sind nicht extrem verschieden und sie bilden sogar untereinander Bastarde. Unter den alten Hoflinden finden sich sowohl Sommer-Linden als auch Winter-Linden, ebenso unter den einst häufigen Flur- und Marklinden, den Gedenklinden am Kriegerehrenmal, den Friedenslinden, den Linden auf dem Kirchplatz und den vielen Kapellenlinden.

Kulturgut Linde

Die Linde ist wie kein anderer Kulturbaum fest im deutschen Volksbewusstsein verankert. Die „Linden im Blütenduft" sind unendlich oft besungen und beschwört worden. Auch wenn die Verse kaum noch einer kennt, so weiß man doch noch immer, dass es da um die Liebe ging, um süße Erinnerungen und Träume von der Jugendzeit. „Unter der Linden, auf der Heiden ...". In seinem Essay „Lindenblüte" verbindet Hermann Hesse wunderschön das Handwerkliche des Lindenblütenpflückens mit dem betörenden Duft und der Erinnerung an die Liebe.

Nicht nur Liebende fanden sich unter dem herzblättrigen Lindenbaum ein, auch Verträge und Bündnisse wurden *sub tilia*, unter der Linde, der Schwurlinde, geschlossen. Legendär ist die Gerichtslinde. Recht gesprochen wurde ehemals unter freiem Himmel auf Anhöhen, die oft mit Linden bepflanzt waren, und die Linde wurde dann zum Rechtssymbol. Ebenso legendär sind die „Liebfrauenlinden", sie waren „unserer lieben Frauen geweiht", denn die Linde war im religiösen bäuerlichen Leben der Baum Mariens. Die Linde, der heilige Baum der alten Liebesgöttin Freia, die den Frühling und die Blumen liebt, wurde vom neuen Glauben inkulturiert und der Maria geweiht. Linden umgaben nicht nur die Marienbildstöcke in der Feldflur, sie geben noch immer den hofeigenen Kapellen auf den Einöden Schatten und Würde.

Ein beliebtes Fotomotiv ist diese Lindenreihe vor einem Bauernhaus in Wetterade (Holsteinische Schweiz).

Ein idyllischer Sitzplatz unter dieser Hoflinde in Isny-Beuren lädt zum Verweilen ein.

Im fränkischen Horsdorf findet eine große Linde zwischen den gedrängt stehenden Bauernhäusern Platz.

Mythische Anklänge haben die alten Tanzlinden, von denen bereits die Rede war. Unter den Hoflinden fanden sich keine solchen, wohl aber im westlichen Allgäu eine „Musikantenlinde". Noch hat sie im unteren Kronenbereich eingewachsene Verankerungen eines Podestes, das die Musikkapelle trug. Dem Feierbedürfnis des tanz- und musikliebenden Hofbauern war es der Aufwand wert und aus der Hoflegende geht hervor, dass es an Festtagen hoch herging.

Der deutsche Name der Linde leitet sich vom althochdeutschen „linta" her, was so viel wie „lind" im Sinne von mild oder zart bedeutet. Schließlich schafft uns der Lindenblütenhonig bei Husten etwas Linderung und wenn das Lindenlaub erscheint, erwachen die linden Lüfte. Und im Sprichwort heißt es: „Ein Herr bleibet doch ein Herr; und ob er schon linden ist, so überwehret er dennoch einen eichenen Knecht."

Standort und Vorkommen

Beide Lindenarten sind zwar Bäume der mitteleuropäischen Wälder, sie spielen als Waldbaum bei uns aber nur eine untergeordnete Rolle, ihre Bedeutung erlangten sie im Siedlungsbereich!

Linden sind zu konkurrenzschwach gegenüber der Rot-Buche und kommen nur in solchen Wäldern vor, wo die Buche zurücktritt, wie es in den Eichenmischwäldern der Fall ist, wo sie vermutlich früher häufiger war.

In Südwestdeutschland bevorzugt die Sommer-Linde Bergwaldgesellschaften, während die Winter-Linde eher im Eichen-Hainbuchen-Wald zuhause ist. Die Sommer-Linde ist ein Schattenbaum und wächst in niederschlagsreichen Bergwäldern mittlerer Lagen und in Schluchtwäldern, vergesellschaftet mit Esche und Berg-Ahorn, also in luftfeuchtem, relativ kühlem Klima. Sie schätzt schuttreiche, nährstoffreiche Böden. Die Winter-Linde ist ein Halbschattenbaum und bevorzugt – obwohl ihr Name das nicht vermuten lässt – sommerwarme, relativ trockene Waldgesellschaften von der Ebene bis in die untere Bergwaldzone, sie steigt also nicht so hoch wie die Sommer-Linde. Sie schätzt nährstoffreiche Böden und bevorzugt dabei Kalkböden.

Linden neigen zu Stockausschlägen und sie ertragen auch den Schnitt. Die Barockzeit, die noch wenig exotische Bäume kannte, nutzte die heimischen Linden für die Gestaltung herrschaftlicher Alleen, auch die kirchlichen Wallfahrtswege zu den spätbarocken Lorettokapellen zieren bis zum heutigen Tage schöne Lindenalleen. In der Zeit des Rokoko zog die Linde auch in die Hofgärten ein, wo sie zu effektvollen Hochhecken herangezogen wurde und lauschige Gartenkabinette säumte.

Linden entwickeln einen streng architektonischen Habitus, was ihnen etwas Monumentales verleiht. Eine frei stehende Sommer-Linde bekommt im Alter eine hohe glockenförmige Krone, sie wird rund 30 m hoch und bei voller Krone 700 Jahre alt. Die Winter-Linde hat im Freistand eine breitere Krone als die Sommer-Linde im Alter und wird nicht ganz so hoch, etwa 25 m, dafür aber älter, nämlich rund 800 Jahre. Linden können sich selbst „verjüngen“ und uralt werden, als Hofbaum haben sie aber lange vorher ausgedient!

Blatt, Blüte und Frucht

Beide Lindenarten haben herzförmige Laubblätter. Das Blatt der Sommer-Linde ist groß und schief-herzförmig, das der Winter-Linde viel kleiner und von rundlicher Herzform. In den alten Pflanzen-

Diese hohen Kopflinden in Schwensby (Angeln) werden streng geschnitten.

Ein beschauliches und gemütliches Plätzchen wurde unter der 30 Meter hohen Hoflinde in Gschwend eingerichtet.

büchern heißen die beiden Arten daher auch Großblättrige und Kleinblättrige Linde. Auf Blattgröße und Blattform kann man sich zur Unterscheidung leider nicht immer verlassen, sicherer sind die Merkmale der Blattunterseite: Bei der Sommer-Linde ist sie weich behaart und hellgrün und trägt weiße Haarbüschel in den Aderwinkeln, bei der Winter-Linde hingegen ist die Blattunterseite kahl und bläulich grün und die Achselbärte sind rostrot.

Linden haben Zwitterblüten, sie sind grünlich gelb und hängen in Trugdolden an einem langen Stiel, der bis zur Mitte an dem flügelartigen Hochblatt oder Deckblatt angewachsen ist. Bei der Sommer-Linde sind es 2 bis 5 Blüten, bei der reichblütigeren Winter-Linde 5 bis 12 Blüten. Der Nektar befindet sich von Haaren verdeckt leicht zugänglich auf den hohlen Kelchblättern. Die hochsommerliche Blütenpracht beider Linden verströmt in lauen Sommernächten einen lieblichen Duft. Die Sommer-Linde blüht etwa 14 Tage eher als die Winter-Linde, in der zweiten Junihälfte, die Winter-Linde erst Anfang Juli. Entsprechend heißt die Sommer-Linde auch Frühlinde und die Winter-Linde ist die Spätlinde. Die Früchte der Linden sind filzig behaarte, 1- bis 2-samige Nüsschen, die zusammen mit ihrem Flugorgan, dem Hochblatt, als Drehflieger davongetragen werden.

Anhand der Früchte lassen sich die beiden Linden auch im Winter leicht voneinander unterscheiden: Die Sommer-Linde entlässt die gemeinsam am Deckblatt hängenden kugeligen Nussfrüchtchen schon im Herbst, sie sind hart und lassen sich nicht zusammendrücken. Bei der Winter-Linde bleiben sie bis lange in den Winter hinein am Baum hängen, sie sind weich und lassen sich leicht zwischen den Fingern zusammendrücken. Linden gehören zur Familie der Lindengewächse (Tiliaceae).

Lindenblütentee, Honig und Wachs

Die Blüten beider Lindenarten liefern einen als Hausmittel geschätzten aromatischen Tee. Er ist durstlöschend und wohlschmeckend, wenn man ihn nur kurz ziehen lässt, die schweißtreibende und hustenlösende Wirkung entfaltet er dagegen erst nach längerem Ziehenlassen. Die Teedroge besteht aus den ganzen Blütenständen, also aus der Blüte mitsamt den Hochblättern, auch Blütenknospen und junge Früchtchen darf sie enthalten. Lindenblüten enthalten ätherische Öle, denen sie den Duft verdanken, und Flavonoide, auf denen die Heilwirkung basiert, etwas Gerbstoff und viel Schleimstoffe. Will man Lindenblüten sammeln, muss man den frühen Vormittag wählen, weil die ätherischen Öle in der Morgenkühle noch nicht frei werden und die Bienen noch nicht aktiv sind. Das Trocknen muss schonend erfolgen, weil man sonst ein völlig geruchloses Zeug bekommt. Sehr reizvoll ist es übrigens beim Trocknen zuzuschauen, wie Insekten, die in den Blüten genächtigt haben, das Weite suchen. Lindenblüten werden in Leinenbeuteln aufbewahrt, nicht in Plastiktüten!

Ein blühender Lindenbaum ist eine hochwertige Bienenweide, die vom Imker sehr geschätzt wird, zumal im Hochsommer das übrige Blütenangebot gering ausfällt. Es verwundert daher nicht, dass die Linde im Mittelalter „des Heiligen Römischen Reichs Bienengarten" genannt wurde. In Oberschwaben und im Allgäu gehörte ein Bienenhaus zum Hof, und auch nach Aufgabe der Landwirtschaft wird die Imkerei meistens weiterbetrieben. Lindenblütenhonig ist hell, dünnflüssig und aromatisch. Ein weiteres Produkt der bäuerlichen Imkerei, das Wachs, spielt heute kaum mehr eine Rolle. Da jedoch bei kirchlicher Grundherrschaft oftmals eine sogenannte Wachszinsigkeit bestand, war die Wachszieherei auf oberschwäbischen Einöden mitunter wichtiger als die Gewinnung von Honig.

Sonstiger Nutzen

Ein Lindenbaum als Hofbaum bringt mehrfachen Nutzen. Selbst das weiche gelbe Herbstlaub wurde früher als Einstreu in den Stall gekehrt. Eine besondere Verwertung erfahren Lindenblüten – gemischt mit anderen Kräutern – im Kräuterschnaps, der als Medizin gilt. Lindenblütenwasser half früher gegen Sommersprossen und heute helfen Blütenextrakte gegen Gesichtsfalten als Bestandteil von Anti-Aging-Cremes.

Der größte Nutzen und Gewinn ist der Lindenbaum selbst. Er erfreut im Frühling mit seinem lindgrünen Laubaustrieb, im Sommer mit betörendem Blütenduft und Bienengesumm, dazu mit angenehmem Schatten, dann mit goldgelbem Herbstlaub und in der kalten Jahreszeit belebt sein zartes Geäst den Winterhimmel.

Mitbewohner

Während es die Bienen auf die Blüten abgesehen haben, schätzen die Blattläuse die weichen Lindenblätter. Sie stechen sie an und saugen ihren Zellsaft, der wenig Eiweiß und viel Zucker enthält. Um satt zu werden benötigen die Blattläuse viel Saft, den überflüssigen Zucker scheiden sie als sogenannten „Honigtau" aus. Auf diesem klebrigen Exsudat leben russfarbene Pilze, Staub kommt noch hinzu und schließlich rieseln klebrige schwärzliche Partikel aus der Linde nieder. Sie sind harmlos und werden vom Regenwasser weggespült.

Weder Blüten noch Blätter schmecken den auffällig rot-schwarz gezeichneten

Zur Blütezeit verströmen die Linden ihren betörenden Duft.

Nahezu 200 Jahre dürfte diese mächtige Linde bei Altusried im Allgäu sein.

Feuerwanzen (*Pyrrhocoris apterus*), sie schätzen die unreifen Nussfrüchtchen. Sie stechen sie an und saugen sie aus. Am Stammfuß alter Lindenbäume tummeln sich die Feuerwanzen und ihre ungeflügelten Altlarven zuhauf im Spätsommer, eine Gefahr geht nicht von ihnen aus.

Die Blattbärte werden auch als „Milbenhäuschen" bezeichnet, weil sich darin tagsüber kleine Milben verbergen, während sie nachts auf Nahrungssuche gehen.

Holz, Bast und das Alter der Linde

Das leichte weiche Holz der Linden glänzt wie Seide, das der Sommer-Linde weißlich, das der Winter-Linde etwas rötlich. Als Bauholz ist es völlig untauglich, aber von Holzschnitzern wurde es einst sehr geschätzt. All die vielen mittelalterlichen Madonnen und die Heiligenfiguren in den gotischen Altären sind aus „Heiligenholz" gefertigt. Aber auch der Holzwurm wusste das weiche, relativ eiweißreiche und ligninarme Holz zu schätzen! Der Rindenbast ist bei Linden so stark entwickelt, dass er Stoff zu Seilen und Körben lieferte und bis heute den Bindebast, den wir im Garten gebrauchen.

Linden wachsen langsam und haben eine jahrhundertelange Wachstumszeit. Der Volksmund gibt – in uralter Dreiheit – der Linde 300 Jahre zum Entstehen, 300 Jahre zum Bestehen und 300 Jahre zum Vergehen.

Linden werden im Alter hohl. Das ist natürlich und bei Linden nicht außergewöhnlich. Das weiche, nicht verkernte Holz wird von Pilzen zerstört, deren Sporen irgendwann im langen Leben einer Linde durch eine Verletzung eindringen konnten. Zerbricht dann eines Tages der Mantel des ausgehöhlten Stammes, so kann man mit Erstaunen bemerken, dass im Innern, von Verletzungsstellen ausgebrochener Äste ausgehend, Wurzeln und neue Stämmchen nach unten gewachsen sind, die nach Verlust der alten Krone sogar kleine neue Kronen bilden, so verjüngt sich eine Linde – wie der Lindwurm – von selbst und wirkt auf uns „unsterblich".

Probleme mit Linden

Die Linde ist grundsätzlich ein gesunder, robuster und windfester Baum. Wunden durch Schnitt oder Astbrüche schottet sie, obwohl es sich um eine Weichholzbaumart handelt, erstaunlich gut gegen eindringende Pilzsporen ab. Empfindlich reagiert ihr Wurzelwerk jedoch auf Streusalz und sie ist wenig tolerant gegenüber stauender Nässe. Die richtige Standortwahl und eine solide Vorbereitung der Pflanzung ist dringend notwendig. Überschüttungen und Versiegelungen des Wurzelraumes sollten unbedingt vermieden werden.

Bei der Pflanzung einer Linde sollte ein Jungbaum gewählt werden, der nicht zur Bildung einer V-Zwieselung neigt. Hier gilt das Sprichwort: „Einmal Zwiesel, immer Zwiesel".

Da sie gerne von Blattläusen befallen wird, kommt es auch zur intensiven Honigtauabsonderung der kleinen Sauger. Wissende verzichten zu dieser Zeit darauf, ihr frisch gewaschenes Auto unter einer Linde zu parken.

Viele Bäume können ein Alter von mehreren hundert Jahren erleben, manche erreichen mehr als 1000 Jahre. Einige unter diesen Baumgreisen scheinen sogar mit einem ewigen Leben gesegnet zu sein. Die Linden zählen zu diesen „ewigen Bäumen". Jahrhunderte wachsen sie, strecken ihre Äste und Zweige in den Himmel, um möglichst viel Luftraum zu erobern. Doch dann beginnt die Linde allmählich, ihre Äste abzuwerfen, wird hohl und droht auseinanderzubrechen. Spätestens jetzt verlangt die Verkehrssicherheit baumpflegerisches Handeln.

Etwa 400 Jahre alt ist diese Linde in Diebersried (Oberpfalz). Seit 1964 ist der stattliche Baum als Naturdenkmal geschützt. Die zuständige Kreisfachbehörde kümmert sich um die Verkehrssicherheit des Baumes.

Der Hofbaum des Rührshofes in Salzhausen (Lüneburger Heide) ist eine riesige Eiche.

Eiche

Stiel-Eiche (*Quercus robur*)

Klassischer Hofbaum

Eichen sind klassische Hofbäume! Sie sind Schutz- und Trutzbäume. Sie gelten als Inbegriff von Kraft und Stärke sowie unerschütterlicher Festigkeit. Hofeichen sind in ganz Deutschland verbreitet, ihr Schwerpunkt liegt im nördlichen Deutschland.

Ähnlich den Linden wird selten zwischen den beiden heimischen Eichen, der Stiel-Eiche und der Trauben-Eiche unterschieden, wobei im Gegensatz zu den Linden offensichtlich nur die Stiel-Eiche als Hofbaum auftritt. Gemeinsam sind Linde und Eiche auch ihre Verwurzelung im täglichen Leben. Auch die Verwendung als Gedenkbaum war ähnlich häufig, genannt seien die Luthereichen, Bismarckeichen und Schillereichen.

Sinnbild

In der deutschen Kultur wird die Eiche gerne als Gegenpol zur Linde betrachtet. Sie verkörpert das männliche Prinzip, während die Linde das weibliche Element symbolisiert. Den eichengleichen Männern fehlt allerdings das Pendant. Eichen sind stark, hart, standhaft, beharrlich, siegreich – alles Eigenschaften, die als männliche Tugenden gelten.

Als sich Klopstock und seine Zeitgenossen auf das deutsche Altertum besannen, wählten sie statt des antiken Lorbeers aus dem klassischen Altertum das Eichenlaub der einst heiligen germanischen Eiche, die fortan die deutsche Eiche war. Das in den Befreiungskriegen gegen Napoleon gestif tete Eiserne Kreuz von 1813 ist rückwärtig mit Eichenlaub verziert worden. Eichenlaub wurde dann ein oppositionelles, ein „demokratisches" Emblem und erst nach 1848 wurde das „gefährliche" Symbol entschärft und von der staatlichen Obrigkeit vereinnahmt.

Kulturgeschichte

Die Verehrung der Eiche ist uralt. Sie war bei den europäischen Völkern Sitz oberster Gottheiten. Das älteste Heiligtum der Griechen, Dodona im Epirusgebirge, stand in einem Eichenhain. Auch die alten Römer hatten ihre Eichenheiligtümer. Ein großes war auf dem Caelius, jenem Hügel vor den Toren Roms, auf dem Konstantin, der erste bekehrte römische Kaiser, eine Petrus-Basilika erbaute und wo heute der Petersdom steht. Auch bei den Germanen genossen Eichen eine hohe Verehrung, man weissagte aus ihnen und sie waren dem Wetter- und Gewittergott Donar oder Thor geweiht. Da wundert es nicht, dass die Missionierung mit Baumfällen einherging. Bonifatius, der Apostel der Deutschen, ließ die heilige Thor-Eiche in Hessen fällen und bekehrte den Volksstamm der Chatten, dann zog er weiter zu den Friesen, die auch eine heilige Eiche hatten, doch diesmal wurde er selbst gefällt und zum Märtyrer des Glaubens, sein Grab ist in Fulda.
Die Baumverehrung muss sich lange gehalten haben. Noch im 11. Jahrhundert heißt es in einem Bericht aus dem Kloster St. Emmeran in Regensburg: „Es gibt Bauern, die es für einen Frevel halten, in einem Wald Bäume zu fällen, unter denen einst die Heidenpriester geweissagt haben!"

Baumgestalt und Vorkommen

Die mächtigen Gestalten alter Eichen sind beeindruckend. Man hält sie für robust und zäh. In ihrer Jugend ist die Eiche jedoch sehr empfindlich. Sie braucht nämlich viel Licht und kann im Gegensatz zur Rot-Buche Beschattung nicht ertragen! Damit ist sie eigentlich ein recht hilfloser Baum und bedarf im Wald sorgsamer Pflege. Die Eiche ist eine Lichtholzart, die Rot-Buche hingegen eine Schattenholzart. Aus diesem Grunde ist auch die Krone der Eiche licht, da solche Zweige, die zu wenig Licht bekommen, früh zugrunde gehen.

Die Stiel-Eiche ist ein europäischer Waldbaum. Sie wächst langsam und wird gewöhnlich 500 bis 700 Jahre alt, auch 1200 Jahre oder mehr sind möglich.

Seit 600 Jahren schützt eine mächtige Eiche den Christlesbauernhof in Aichhalden-Rötenberg. Allein wegen des Baumes wurde der Hof gekauft.

Die älteste deutsche Eiche soll die Ivenacker Eiche bei Neubrandenburg sein, ihr Alter wird auf 1000 Jahre geschätzt.
Es gibt aber mindestens ein halbes Dutzend Alteichen, die ihr diesen Rang streitig machen! Im Wald findet man solche Baumveteranen nicht, und wenn, dann sind sie älter als der sie umgebende Wirtschaftswald. Es sind im Allgemeinen Bäume, die einen besonderen Rechtsstatus genossen, schließlich muss sich jemand um sie gekümmert haben, damit sie so alt werden konnten. Als Einzelgebilde der Natur sind sie heute wegen ihrer Eigenart, Seltenheit und Schönheit als sogenannte Naturdenkmale geschützt.

Die Stiel-Eiche wird 30–35 m hoch, ausnahmsweise auch höher, die Krone ist breit und unregelmäßig gewölbt, der hohe starke Stamm trägt knorrige, winkelig geknickte Äste. Außerhalb des Waldes ist sie eher kurz- und dickschäftig.

Die Stiel-Eiche hat hohe Ansprüche an ihren Standort. Außer viel Licht braucht sie frischen tiefgründigen Boden, sie bevorzugt warme niedere Lagen. Sie gedeiht auf boden- und staufeuchten schweren Lehmböden und ist der typische Baum großer Auengebiete und bodenfeuchter Ebenen. Außerdem ist sie namengebend für den Eichen-Hainbuchen-Wald sowie für die bodensauren Eichenwälder. Sie ist spätfrostempfindlich und meidet kalte Mulden- und Tallagen.

Die Eiche bildet erst eine Pfahlwurzel, dann kräftige Herzwurzeln. Junge Eichen haben eine glatte, silbern glänzende Rinde, eine Spiegelborke; sie verwandelt sich zwischen dem 20. und 30. Lebensjahr in die typische längsrissige graubraune Eichenborke. Sie schützt wie bei allen Bäumen vor Wasserverlust, schnellem Temperaturwechsel und mechanischen Verletzungen.

Das Laub der Eiche

Im April oder Mai schlägt die Eiche aus. Kennzeichnend für das Eichenblatt ist der gebuchtete Blattrand. Bei der Stiel-Eiche bildet der Grund der Blattspreite außerdem kleine Öhrchen. Der Blattstiel ist kurz.
Es herrscht eine große Variationsbreite.

Die Blätter sitzen in steifen Büscheln an den Zweigenden, auch aus diesem Grund ist die Krone licht. „Johannistriebe“ sind bei den Eichen keine Seltenheit. Die Herbstfärbung setzt früh ein, und ist ein bescheidenes schmutziges Braun – man kann eben nicht alles haben!

Blüte und Frucht

Die Blüten erscheinen mit den Blättern. Die Eiche ist windblütig und einhäusig und gehört zum Kätzchenblütentyp. Das bedeutet, dass der Blütenstaub der männlichen Blüten, der Staubblüten (der nicht so reichlich produziert wird wie bei Erle, Hasel oder Birke), vom Wind zu den weiblichen

Blüten, den Stempelblüten, getragen wird, die im Allgemeinen relativ große klebrige Narben haben. Die Blüten existieren in zweierlei Formen, als männliche und weibliche Blüten in getrennten Blütenständen. Als Kätzchen bezeichnet man solche Blütenstände bei denen die Blüten in dichten Ähren um die gemeinsame, meist hängende Spindel stehen. Viele heimische Waldbäume sind Kätzchenträger, wobei die männlichen Blüten immer, die weiblichen oft in Kätzchenform auftreten. So auch bei der Eiche: Die gelbgrünen männlichen Kätzchen, die umgangssprachlich „Würstchen" heißen, tragen Blütenknäuel an der langen Spindel. Ihr Pollen wird von Wild- und Honigbienen gesammelt. Die weiblichen Blüten sitzen am selben Zweig zu 2 bis 5 an einem langen Stiel, worauf sich der Name der Stiel-Eiche bezieht. Sie heißt auch Sommereiche, weil sie etwa zwei Wochen vor der sogenannten Wintereiche, der Trauben-Eiche, blüht.

Aus dem Fruchtknoten entsteht eine Nussfrucht, eine einzige Eichel. Die Bezeichnung ist ursprünglich die Verkleinerungs-

Ein prächtiger Hofbaum ist diese Eiche in Georgsmarienhütte (Osnabrücker Land).

Mitten im Hof steht diese beeindruckende Eiche bei Schwäbisch Hall.

form von Eiche und bedeutet etwa „das Söhnchen der Eiche". Die Eichel sitzt in einem schuppigen Fruchtbecher, der Cupula, wie in einem Schälchen. Bei der Reife Ende September und Anfang Oktober fallen die Eicheln zu Boden und werden von Eichelhäher und Eichhörnchen sowie anderen Tieren des Waldes verschleppt und auf diese Weise ausgebreitet.

Auch bei den Rot-Buchen und Edel-Kastanien sitzen die Früchte in einem Becher, und auch der Bau der Blüten ist ähnlich – alle drei Baumarten sind miteinander verwandt und gehören in die Familie der Buchengewächse (Fagaceae).

Lebensraum Eiche

Kein einheimischer Baum hat so viel tierische Mitbewohner und Gäste wie die Eiche. Etwa 300 verschiedene Insektenarten wurden gezählt, im Vergleich bringt es die Rot-Buche auf nur 60 Insektenarten und die fremdländische Platane auf eine einzige Art.

Der spektakulärste Eichenbewohner ist der Hirschkäfer. Sein Vorkommen ist an alte Eichenwälder gebunden. Ihm an Schönheit nicht nachstehend ist der Große Eichen- oder Heldbock, auch er ist ein Käfer des Eichenwaldes wie auch der Eichenwidderbock. Die Zahl der Schmetterlingsarten ist noch höher, für viele ist die Eiche namensgebend: Eichenwickler, Eichenzipfelfalter, Eichenzahnspinner, Eichenspinner, Eichenschwärmer.

Der Eichenprozessionsspinner (*Thaumetopoea processionea*) ist berüchtigt, weil seine Raupen bei Massenvermehrung zu Schädlingen werden können. Sie schlüpfen im Mai aus den überwinternden Eiern, spinnen an geschützter Stelle, gern unter einer Astgabel, ein Nest, worin sie sich tags aufhalten. Nachts wandern sie in typischer Prozessionsform zum Fraß in die Krone der Eiche und kehren morgens in derselben Weise zurück. Im Nest verpuppen sie sich auch, wabenartig nebeneinander liegend, in Kokons. Die leicht brüchigen Borsten der Raupen verursachen Hautentzündungen und Allergien bei Tier und Mensch. Nur den Kuckuck schert das wenig, er stellt den Raupen und Puppen nach! Im Juli und August schlüpfen die bräunlichen, rund 2 cm großen Schmetterlinge; die Weibchen legen ihre Eier in Platten auf der Eichenrinde ab und hüllen sie in Afterwolle ein, damit im folgenden Frühsommer die nächste Generation des Eichenprozessionsspinners schlüpfen kann.

Die Galläpfel oder Eichäpfel, erscheinen in gewisser Weise als zweite „Frucht" die auf den Unterseiten der Blätter sitzen. Die kugelrunden, zunächst gelben, dann roten Gebilde entstehen, wenn eine Eichengallwespe (*Cynips quercusfolii*) Blätter ansticht und mit Hilfe ihres langen Legestachels ihre Eier in das Blattgewebe versenkt. Der Baum reagiert in „fremddienlicher Zweckmäßigkeit" und stellt den Larven eine wohlgefüllte Speisekammer zur Verfügung. Ebenfalls von einer Gallwespe verursacht sind die schon im Frühsommer an Zweigen auftauchenden, kartoffelähnlichen Gallen der Schwammgallwespe (*Biorhiza pallida*).

Nicht unerwähnt bleiben sollen die 25 Vogelarten, welche die Ökologen auf der Eiche gezählt haben.

Eicheln und Lohe

Eicheln sind das wichtigste Produkt der Eiche. Sie waren Schweinefutter und Nahrungsmittel in Notzeiten. Noch in den Hungerszeiten zu Anfang des 19. Jahrhunderts hat man Eichelbrot gegessen. Und Eichelkaffee gab es noch 1946, nicht nur selbstgerösteten, auch industriell hergestellten, neben dem Zichorienkaffee. Die Einführung des Eichelkaffees in die deutsche Küche wird Friedrich dem Großen zugeschrieben.

Als der Wald noch landwirtschaftliche Fläche war, vor den Forstgesetzen des 19. Jahrhunderts, waren die Eichenwälder ganz selbstverständlich Weideplatz für Schweine und Kühe. Hudeordnungen und Bewirtschaftung in sogenannten Hauen regelten die Nutzung. Vor allem Schweine fanden in den Eicheln ein reichliches Nahrungsangebot. Samenjahre, sogenannte Mastjahre, treten bei der Eiche alle 2 bis 7 Jahre auf. Viele Eicheln bedeuten einen

Diese Hofeiche in Lauterbach (Schwarzwald) ist fast 200 Jahre alt.

Aufgereiht vor den Höfen umgeben zahlreiche Eichen den Dorfplatz des Rundlingsdorfes Göttien (Wendland).

strengen Winter nach der Regel: „Wenn Michael viel Eicheln bringt, Weihnachten mit Schnee er düngt".

Eichen sind die wichtigste Quelle für Gerbstoffe gewesen, mit Eichenlohe konnte man Tierhäute zu Leder gerben. Gerbstoffhaltig ist besonders die Rinde vor der Borkenbildung. Deswegen hat man im Schälwaldbetrieb bis zum Zweiten Weltkrieg junge Trauben-Eichen, im Saft stehend, geschlagen und die Rinde abgeschält.

Galläpfel haben einen extrem hohen Gerbstoffgehalt (75 %), den man vielfältig nutzte. Die urkundenfeste Eisengallus-Tinte wurde aus der Gallussäure der Galläpfel hergestellt.

Holz

Eichenholz war das wichtigste Bauholz, und weil es unter Wasser unverwüstlich ist, hat man es auch im Schiffsbau verwendet. Spötter meinen, die europäischen Eichenwälder lägen am Grund der Meere! Wenn

Im Münsterland gehören Hofbäume in Form von Eichengruppen zum typischen Landschaftsbild.

man allein den Untergang der spanischen Armada bedenkt, erscheint der Gedanke nicht so abwegig. Im Bergbau war Eiche als Grubenholz unentbehrlich. Ganz Venedig steht auf einem Wald aus Eichen! Mit „Holländereichen“ aus den württembergischen Forsten, die auf dem Wasserweg nach Holland gebracht wurden, finanzierte der Herzog von Württemberg seine Hoffeste und der König von Preußen hat nach dem Siebenjährigen Krieg seine Schulden mit Eichenholz beglichen.

Weil unverwüstlich und wie für die Ewigkeit geschaffen, hat Eichenholz auch als Sargholz Bedeutung erlangt. Der Eichenholzsarg wird an Dauerhaftigkeit nur noch vom Zedernholzsarg übertroffen. Heute wird man sich in den meisten Fällen mit Eichenholzdekor begnügen müssen. Übrigens hat schon der alemannische Adel die Eiche in der Bestattungskultur geschätzt: Baumsärge waren aus ausgehöhlten Eichenstämmen und Grabkammern aus Eichenbohlen gezimmert.

Eichenholz ist ein wertvolles Nutzholz geblieben. Es ist schwer, es hat ein hohes spezifisches Gewicht. Bekannt ist seine Verwendung für Weinfässer.

Trauben-Eiche (*Quercus petraea*)

Auch die Trauben-Eiche ist ein Waldbaum. Sie ist in ihren Ansprüchen an Boden und Lage bescheidener als die Stiel-Eiche und kommt auf eher trockenen und steinigen Böden und in höherer Lage vor. Grundwasser meidet sie. Sie unterscheidet sich von der Stiel-Eiche auch in Habitus, Blattform und Frucht. Der Stamm ist durchgehend bis in die Krone. Das Blatt hat einen keilförmigen Blattgrund und längeren Blattstiel. Das Laub sitzt nicht in Rosetten, sondern ist gleichmäßig verteilt und gibt einen

Die Trauben-Eiche auf diesem Anwesen im fränkischen Ehrl ist noch jung.

Besucher des Hellerhofes in Barkhausen (Teutoburger Wald) werden von einer großen Eiche und einer Rosskastanie empfangen.

vollen Schatten. Das Herbstlaub bleibt gelegentlich bis in den Winter am Baum. Die Früchte stehen in traubenförmigen Knäueln vereinigt, worauf sich der Name bezieht, im Gegensatz zur Stiel-Eiche übrigens an der Spitze diesjähriger Triebe.

Das sensible Leitsystem der Eiche

In den äußeren Holzschichten unserer Laubbäume, dem sogenannten Splintholz, werden Wasser und die darin gelösten Nährstoffe von den Wurzeln in die Zweige der Krone transportiert. Bei sogenannten zerstreutporigen Bäumen wie Rot-Buche, Birke, Rosskastanie und Ahorn sind die 20 jüngsten Jahrringe des Splintholzes durchaus transportfähig. Anders bei ringporigen Bäumen wie Ulme, Eiche und Edel-Kastanie, hier erfolgt der Wassertransport nur in wenigen äußeren Jahrringen.

Am Stammquerschnitt der Eiche ist die dünne, gelblich weiße Schicht des Splintholzes gut von dem dunklen, braunen Bereich des Kernholzes zu unterscheiden. Der innere Bereich des Kernholzes ist für die Lebensprozesse der Eiche weniger wichtig. Durch Pilzbefall kann der Stamm von innen nach außen langsam hohl werden. Für die Vitalität und die Statik des Baumes besteht dadurch aber lange Zeit kein Risiko.

Gefahr für die Eiche droht jedoch von außen: Ihr Wassertransport findet hauptsächlich im jüngsten, äußersten Jahrring des Holzes statt. Dies macht den mächtig und unzerstörbar wirkenden Baum besonders sensibel gegen äußere Störungen wie starke Temperaturschwankungen mit Frosteinwirkungen, Fraß von Splintholzkäfern, Pilzbefall und mechanische Beschädigungen. So kann es selbst bei alten Eichen durch einen großen, oberflächigen Anfahrschaden zu massiven Störungen des Wasserhaushaltes kommen. Die mächtige Hofbaumart sollte deshalb außerhalb des Verkehrsraumes einen geschützten, würdevollen Platz bekommen.

Rosskastanie

(*Aesculus hippocastanum*)

Hofbaum

Der Kastanienbaum ist vielleicht der beliebteste und häufigste Hofbaum in ganz Deutschland. Er wird wegen seiner schönen Baumgestalt auch als Park- und Alleebaum geschätzt.

Und wenn er sich im Frühsommer über und über mit Blütenkerzen schmückt, haftet ihm etwas wahrhaft Exotisches an. Sein Blattwerk ist tief dunkelgrün und dicht, und von allen heimischen Bäumen geben Rosskastanien den dunkelsten Schatten. Im Alter hängen die unteren Zweigpartien malerisch herab.

Herkunft

Entgegen der landläufigen Meinung ist die Rosskastanie kein heimischer Baum und ist in Wäldern ebenso angepflanzt wie auf Bauernhöfen. Sie kam Mitte des 16. Jahrhunderts als exotisches Gewächs mit Flieder und Tulpe aus den osmanischen Gärten am Bosporus an den kaiserlichen Hof nach Wien, wo die erste Rosskastanie 1603 in den Gärten von Schönbrunn erblühte. Sie schmückte als Lieblingsbaum der Barockzeit viele Gärten und Alleen und verlieh nach 1815 den Schlössern der Standesherren einen herrschaftlichen Anspruch. Der Baum verbürgerlichte während des 19. Jahrhunderts und wurde als Schattenspender im Biergarten endgültig „demokratisiert“. Die Biergärten befanden sich einst direkt am Bierkeller, unterirdischen Kellern oder Höhlen an Bergabhängen oder Hügeln außerhalb der Ortschaften, wo sie mit Stangeneis vom Eisweiher kühl gehalten wurden. Bestockt war das Areal mit schattigen Bäumen, zumeist mit Linden oder mit den stärker beschattenden Kastanien. Dann kam die moderne Zeit, doch die Kastanie blieb dem Biergarten treu! Rosskastanien kommen auch in Wäldern vor: Sie wurden als Alleen in Jagdwäldern oder als Futterbaum für Hirsch- und Damwild eingebracht.

Hofbaum in Ortslage

Seinen Einzug ins Dorf hielt dieser Baum ebenfalls im 19. Jahrhundert als etwas Besonderes aus der vornehmen Welt! Eine Renaissance erlebte die Rosskastanie auf dem Dorf nach 1955, als die Misthaufen durch Rosskastanien ersetzt wurden.

Es sind die relativ dicht an den ehemaligen landwirtschaftlichen Gebäuden ste-

Eine Rosskastanie prägt gemeinsam mit einer dicht gepflanzten Lindenreihe die Auffahrt zu einem Gehöft bei Linderstorf (Mecklenburg).

Sehr nahe am Stallgebäude steht diese Rosskastanie in Güstritz (Wendland).

henden, etwa 50- bis 60-jährigen Bäume in Ortslage, in deren Schatten heute gern das Auto abgestellt wird – jedoch nicht während der Kastanienreife.

Vorkommen und Namen

Erst zu Beginn des 19. Jahrhunderts entdeckte man wild wachsende Rosskastanien in den feuchten Schluchtwäldern der Gebirge Nordgriechenlands. Sie werden als Relikte gedeutet, sie könnten dort aber auch seit Jahrhunderten als „Entwichene" aus den osmanischen Gärten eingebürgert sein und dann müsste die eigentliche Heimat der Rosskastanie in Mittelasien vermutet werden.

Der einstigen Verwendung der Kastanien im osmanischen Heer als Pferdefutter und als Pferdearznei („wider das Keichen") verdankt der Baum den ersten Teil seines Namens und der Ähnlichkeit seiner braunen Samen mit den Früchten der Echten Kastanie den zweiten. Verwandt sind die beiden Baumarten nicht, die Rosskastanie ist ein Rosskastaniengewächs (Hippocastanaceae) und die Edel-Kastanie zählt zu den Buchengewächsen (Fagaceae).

Wuchs und Standort

Rosskastanienbäume sind dankbare Hofbäume; sie gedeihen an einem sonnigen

oder halbschattigen Platz, werden groß – etwa 25–30 m hoch und 15–20 m breit – und sie sind raschwüchsig.

Der Stamm ist kurz und zeigt nicht selten Drehwuchs; mehrere gleichstarke Stämmlinge reichen bis in die ebenmäßige, breite, reichbelaubte Krone. Über 100 Jahre alte Rosskastanien sind eine Rarität, sie kann aber eigentlich doppelt so alt werden. An den Boden hat die Rosskastanie große Ansprüche, sie braucht nährstoffreiche tiefgründige Böden. Ihre Ansprüche an Licht und Wärme sind gering, sie ist eine Schattenholzart und gehört zu den frostharten Baumarten! Die Wurzeln sind flach- und weitstreichend. Die Rinde ist in der Jugend dunkelbraun und glatt, im Alter graubraun, borkig und abblätternd. Auch im Winteraspekt sind Rosskastanienbäume dank ihrer charakteristischen Wuchsform leicht kenntlich sowie an den großen, dunkelbraunen, glänzenden, mit harzigen Schuppen bedeckten Winterknospen.

Nutzen

Die Rosskastanie bringt als Hausbaum keinen besonderen wirtschaftlichen Nutzen. In Notzeiten hat man natürlich auch mit „Kastanienmehl“, das bitter, aber stärkehaltig ist, nach entsprechender Aufbereitung die Mahlzeiten „gestreckt“. An den glänzenden Kastanien hatten

Neuschnee lässt die starken Äste zweier Rosskastanien vor diesem Pferdehof bei Ingolstadt (Bayern) noch mächtiger erscheinen.

Eine Rosskastanie in voller Blüte vor dem Hof am Plöner See in der Holsteinischen Schweiz.

Kinder wohl schon immer ihre Freude. Kastanien-Bastelarbeiten gehören zum neuen Brauchtum unter dem Hofbaum, während das Sammeln für die Wildfütterung kaum mehr üblich ist. Ein paar Kastanien in der Hosentasche bringen Glück, aber nur in ungerader Zahl! Kastanienbäume schaffen nachbarliche Kontakte, durch die gemeinsame Freude an der Blüte und durch das Kastaniensammeln.

Blatt, Blüte und Frucht

Die Rosskastanie ist ein Baum, den jeder kennt, die langstieligen 5- bis 7-zählig gefingerten Blätter sind unverwechselbar, ebenso die weißen Blütenkerzen Anfang Mai und die grünen Stachelfrüchte mit den braun glänzenden „Kastanien“. Die weißen Einzelblüten der kegelförmigen Kerzen haben Farbflecksaftmale, die ihre Farbe während des Blühens von Gelb über Orange zu Karminrot ändern.

Nektar wird nur in der gelben Phase produziert, was Bienen und verwandte Hautflügler schnell lernen. Nur in dieser Phase ragen Griffel und Staubblätter waagrecht aus den Blütenblättern und können als „Anflugstangen“ gebraucht werden. Nach dem Farbwechsel, der mit einer Duftänderung einhergeht, biegen sich diese Blütenteile nach oben und verschwinden im Weiß der Blüte. Nur im unteren Kerzenteil entstehen die 2 bis 3 Kastanienfrüchte, weil nur die unteren Blüten weiblich sind, die mittleren sind zwittrig und die oberen ausschließlich männlich. Überzählige junge Früchtchen werden frühzeitig abgeworfen und sie landen auch mal auf der Kaffeetafel unterm Kastanienbaum! Die grünen Stachelfrüchte sind botanisch gesehen Kapselfrüchte, die 1 bis 2 braune Samen, die „Kastanien“ enthalten. Sie haben einen großen weißen Nabelfleck und verlieren ihren wunderschönen Glanz leider viel zu rasch. Die vergleichbaren stacheligen Gebilde der Echten Kastanie sind übrigens nur Fruchtbecher, welche die Nussfrüchte einhüllen. Es besteht also nur eine oberflächliche Ähnlichkeit zwischen beiden. Kastanien sind zu massig für Flugorgane, sie werden durch die Schwerkraftwirkung und durch Rollen am Boden ausgebreitet, es sind sogenannte Rollfrüchte. Die weiche Fruchtschale und besonders die Stacheln dämpfen den Aufschlag, die Kastanie hüpft heraus und rollt dank ihrer glatten Oberfläche weiter. Die weitere Ausbreitung erfolgt durch kleine Nager, welche die Kastanien verstecken, wo sie dann im feuchten Substrat keimen, denn sie können das nur unterirdisch.

Rotblühende Rosskastanie

Auch die Rotblühende Rosskastanie (*Aesculus × carnea*) kommt als Hofbaum vor. Sie ist wahrscheinlich eine Kreuzung der Gewöhnlichen Rosskastanie mit der nordamerikanischen Pavie (*Aesculus pavia*). Der Baum wird nur mittelgroß, das Laub ist dunkler und derber als bei der Gewöhnlichen Rosskastanie. Die Blüten sind rosa bis dunkelrot gefärbt, die Blütezeit ist etwa 14 Tage später. Der Baum trägt nur wenige, kaum bestachelte Früchte. Die Winterknospen sind nicht klebrig.

Braunwerden der Kastanien im Sommer

Auch Hofbäume verschmäht die Kastanienminiermotte nicht, ein Kleinschmetterling, der sich als Plage in den vergangenen Jahren vom Balkan her ungehindert in Mitteleuropa ausgebreitet hat. Die Symptome des Befalls sind braune Blattflecken, allgemeines Verbraunen und Vertrocknen und schließlich vorzeitige Entlaubung. Ursache ist der Fraß der Larven, die aus dem Zellgewebe Gänge oder Minen herausfressen. Die einzige praktikable Eindämmung der Plage ist das Einsammeln und Vernichten des braunen Laubes. Im Hausgartenkompost überwintern die Puppen leider unbeschadet, und es bleibt nur die Entsorgung durch Biotonne, Kompostierungsgroßanlage oder Verbrennen.

Die Rosskastanie und ihre Motte

Seit 1994 hat sich die Kastanienminiermotte (*Cameraria ochridella*) von Bayern und Baden-Württemberg her in ganz Deutschland ausgebreitet. Ihre Herkunft ist derzeit noch nicht geklärt. Als ursprüngliche Heimat wird Asien oder Amerika vermutet. Der Ausbreitungsweg der Kastanienminiermotte nach Mitteleuropa verlief über Mazedonien, Serbien, Slowenien, Österreich und hat mittlerweile Skandinavien erreicht. Da in Europa ihre natürlichen Gegenspieler noch weitgehend fehlen, konnte sie sich ungehindert ausbreiten.

Im Falterstadium, meist 4 Wochen nach Blattaustrieb, legt die knapp 5 mm lange Kastanienminiermotte auf der Blattoberseite bis zu 40 Eier ab. Die daraus schlüpfenden Raupen bohren sich in die Blätter und legen einen mitunter mehrere Zentimeter langen Fraßgang an. Am Ende der „Mine“ unter der Blattoberfläche entsteht eine runde Puppenkammer, dort verspinnen sich die Raupen und schlüpfen zwei Wochen später als fertige Motte. Jährlich können sich 3 bis 4 Generationen entwi-

Die Fraßgänge der Kastanienminiermotte mit den rundlichen Puppenkammern sind auf den Blättern der Rosskastanie gut erkennbar.

ckeln, die zahlreichen Miniergänge führen zum Verdorren ganzer Blattregionen.

Die Beseitigung des Falllaubs im Herbst ist die beste Methode, den Befallsdruck der Kastanienminiermotte wenigsten in der ersten Motten-Generation des Folgejahres deutlich zu reduzieren. So lässt sich die Blattverfärbung um einige Wochen in den Sommer hinein verzögern. Auch das im Sommer nach der Braunfärbung herabfallende Laub sollte rasch weggeräumt werden. Grundsätzlich muss das Falllaub jedoch vernichtet werden, denn in der Garten-Kompostlege wird die erforderliche Temperatur, die Raupen und Puppen abtötet, nicht erreicht.

Nach derzeitigem Kenntnisstand besteht keine sinnvolle Möglichkeit der chemischen Bekämpfung der Kastanienminiermotte – und dies sollte auch in Hinblick auf die negativen Folgen für die Umwelt nicht in Betracht kommen.

Mittlerweile gibt es erfolgversprechende Untersuchungen, männliche Kastanienminiermotten mit synthetisch hergestellten Sexualduftstoffen des Weibchens – den sogenannten Pheromonen – anzulocken und mit Klebefallen einzufangen.

Eine natürliche Möglichkeit zur Bekämpfung der Kastanienminiermotte findet zunehmend Beachtung. Blaumeisen scheinen durchaus zu einer Reduzierung der Kastanienschädlinge beitragen zu können, indem sie die Eier, Raupen und Puppen der Kastanienminiermotte fressen und in großer Zahl an ihre Nachkommen verfüttern. In der Hofkastanie sollte also ein geräumiger Meisenkasten mit einer Fluglochweite von 26–28 mm hängen.

Bruchgefahr im Astbereich

Unter allen Hofbaumarten ist es die Rosskastanie, die sich am wenigsten freiwillig dort hin entwickelt, wo sie der Baumpfleger gerne hätte. Häufig neigt sie zur Bildung von zwieseligen Astanbindungen, die wenig stabil sind, und einen durchgehenden Leittrieb bis in die obere Krone hinauf scheint sie nicht zu kennen. Oft bildet sie mehrere Stämmlinge, die aus einem gemeinsamen Stammkopf entspringen und sich bald gegenseitig behindern und aussprengen. Erschwerend kommt hinzu, dass ihr Holz nur eine sehr geringe Druckfestigkeit aufweist, so sind Astbrüche bis hin zu Ausbrüchen von ganzen Kronenteilen leider ein häufiges Problem der Rosskastanie. An Bruchstellen oder Schnittwunden kann sich ihr weiches Holz kaum gegen eindringende Pilzkeime abschotten, deshalb sind alte, völlig ausgehöhlte Kastanienbäume keine Seltenheit.

Der Kastanienbesitzer tut gut daran, Schnittwunden mit einem Durchmesser größer als 5 cm zu vermeiden. Dies erfordert es, mit dem Erziehungsschnitt oder der Aufastung des Baumes sehr früh zu beginnen.

Besonders kritisch sind Kastanienbäume, die schon einmal gekappt wurden und eine Sekundärkrone entwickelt haben. Die neu gebildeten Aufsitzeräste sind nicht ausreichend stabil verankert und die Krone muss immer wieder gekappt werden. Kappungen entsprechen nicht den Vorstellungen der modernen Baumpflege, statt dessen sollte ein nur mäßiger Rückschnitt erfolgen.

Walnuss

(*Juglans regia*)

Hofbaum

Der Walnussbaum ist als Hofbaum beliebt, denn er bringt durch den Nussertrag zusätzlichen Nutzen und er ist raschwüchsig. Weil er sehr spät austreibt, lässt er im Frühjahr die Sonne lange in den Hof herein, was ja nicht unerwünscht ist. Leider ist er spätfrostgefährdet und nur für Gegenden mit Weinbauklima geeignet, auch braucht er einen warmen, hellen und windgeschützten Platz.

Mit diesen Eigenschaften erinnert der Nussbaum an seine südliche Herkunft, denn er ist erst in römischer Zeit und im frühen Mittelalter als Kulturbaum in die Länder nördlich der Alpen gelangt. Über die spätlateinische Bezeichnung *nux gallica* ist er als „Welsche Nuss" oder Walnuss ins Deutsche gelangt.

Symbol

Baumnüsse – wie die Walnüsse auch heißen – stecken voller Symbolik. Sie spielen in vielen Jahres- und Hochzeitsorakeln eine Rolle und sie sind ein Zeichen der Fruchtbarkeit. Angeblich habe man deshalb der Braut am Vorabend der Hochzeit einen Korb mit Baumnüssen in die Schlafkammer poltern lassen, woraus dann der Polterabend entstanden sei. Die vergoldeten Nüsse am festlichen Weihnachtsbaum sind nicht nur schön, sie sollen uns auch kundtun, dass das Leben zwei Seiten hat, die golden glänzende und die unbekannte dunkle. Man sah oder man sieht in den Baumnüssen die Sinnbilder von Gottes unerforschlichem Ratschluss! Und auch das Nüsseknacken ist voller Symbolik. Manche Dinge „sind im Leben so verpackt, dass man sie nicht wie Nüsse knackt!" Und hat man es geschafft, muss man feststellen, das in manchen Nüssen gar nichts drin ist! Da verwundert es nicht, dass „eine taube Nuss" die Bezeichnung für eine ziemlich hohle Person ist, wenn nicht sogar noch Schlimmeres.

Habitus, Standortansprüche und Verbreitung

Der Nussbaum bildet eine ausladende, wunderbar ebenmäßige Krone; er wird nur

Dieser Nussbaum in Binselberg (Hohenloher Land) spendet heute reichlich Schatten – gepflanzt wurde er anlässlich der gesunden Rückkehr des Sohnes aus dem Krieg.

Dieser Nussbaum in St. Wolfgang (Niederbayern) wurde 1958 an einer idealen Stelle gepflanzt.

20–25 m hoch, aber ebenso breit, und erreicht ein Alter von etwa 200 bis 300 Jahren, das Höchstalter wird mit 600 Jahren angegeben. Er wächst langsam und sein Schatten ist kühl und dunkel.

Eine eigentliche Herbstfärbung fehlt. Mit seiner tiefgehenden kräftigen Pfahlwurzel gedeiht er besonders in tiefgründigen nährstoffreichen Kalkböden. Da er unter strengen Winterfrösten und Spätfrösten leidet, wird er in gefährdeten Lagen auf Bauernhöfen gerne durch die Rosskastanie ersetzt. Beide Baumarten gleichen sich in ihrer Beliebtheit, auch die Walnuss wurde gerne anstelle alter Dunglegen gepflanzt. Ansonsten ist der Nussbaum problemlos und wächst ohne Pflanzenschutzmaßnahmen. Im Gegensatz zu Birnbäumen ist er auch nicht durch den Feuerbrand gefährdet. Die alten Hofbäume sind noch aus Sämlingen gezogen und tragen meist nur kleine Früchte, auch kommen sie erst nach 10 bis 20 Jahren zum Tragen. Die veredelten Sorten, die heute in Baumschulen angeboten werden, sind kleinkronig, großfrüchtig und tragen schon nach 4 bis 5 Jahren. In der Feldflur trifft man den Nussbaum an Feldwegen aufgereiht, an Weinbergrainen und auf Wiesen. Die agroforstwirtschaftliche Nutzung ist nur noch angedeutet, Hauptsache war wohl (neben dem Holzertrag) die Nussernte, die Wiesen- und Weidenutzung waren nebensächlich. Der Nussbaum war auch als Alleebaum gebräuchlich. Solche Bäume sind heute ökologisch wertvoll, weil die Nusskerne Vögeln, Eichhörnchen und anderen Nagern als Nahrungsquelle dienen. Durch das Sammeln und Verstecken werden die Nüsse ausgebreitet, die nur unterirdisch keimen. In den letzten Jahren haben sich die Sämlinge sehr stark längs der Waldwege ausgebreitet. Das humose Substrat, die Lichtverhältnisse und die allgemeine „Klimaerwärmung“ scheinen ihnen zuzusagen.

Die ursprüngliche Verbreitung dieses bei uns nur in Kultur bekannten Baumes ist in Griechenland und Kleinasien zu suchen.

Blatt, Blüte und Frucht

Die wechselständigen Blätter erscheinen erst kurz nach der Blüte. Sie sind unpaarig gefiedert, in der Regel mit 7 Fiedern. Sie sind etwas derb und glänzend dunkelgrün, beim Zerreiben duften sie aromatisch.

Die Walnuss ist einhäusig, die dickwalzigen, grünlichen, seitlich hängenden Blü-

Bei den Renovierungsarbeiten des Veithofes in Ochsenhart (Altmühltal) wurde großer Wert auf den Erhalt des Nussbaumes gelegt, denn der Baum prägt das Ambiente des Bauernhauses entscheidend mit.

An heißen Sommertagen spendet eine Walnuss den Bewohnern dieses Hofes in Ballrechten (Markgräfler Land) kühlen Schatten.

tenkätzchen der männlichen Blüten sind sehr auffällig – als braune „Würstchen" übersäen sie alsbald den Boden. Die weiblichen Blüten muss man suchen, sie sitzen zu mehreren an den Sprossenden und sind an den fleischigen, zurückgekrümmten, rötlichen Narben kenntlich.

Die kugelige, grün glänzende Frucht ist eine Fallfrucht. Die grünen, sich regellos lösenden Schalen haben ein elastisches Gewebe, wodurch der Nusskern beim Aufprallen geschützt wird. Die Nussschale ist holzig und enthält den Nusskern. Die Walnuss ist aus botanischem Blickwinkel gesehen keine Nuss. Es handelt sich um eine einsamige Steinfrucht, die der Kirsche und anderem Steinobst entspricht, mit dem Unterschied, dass wir nicht das Fruchtfleisch essen, sondern die Samen! Während der Nussbaum jedoch zu den Walnussgewächsen (Juglandaceae) gehört, werden die Steinobstarten den Rosengewächsen (Rosaceae) zugeordnet.

Nüsse

Die ölhaltigen Walnusskerne sind wohlschmeckend, und schon seit alter Zeit werden ihnen günstige Effekte auf die Gesundheit nachgesagt, heutzutage werden sie wegen ihrer cholesterinsenkenden Wirkung gepriesen. Walnüsse schmecken uns in Müsliriegeln, im Studentenfutter, in der Eiscreme, in Kuchen und Nusstorten. Nussöl ist ein sehr feines Speiseöl und auch in manchem Sonnenschutzöl enthalten.

Nach dem Aufsammeln der Nüsse, das sich der Reife entsprechend über viele Tage hinzieht, werden die Nüsse im Wasser kräftig gebürstet und von den hellen gespinstartigen Schalenresten befreit, damit sie später nicht schimmeln.

Heute ist der Blasibauernhof bei Ingolstadt ein kleines Bauernhofmuseum – der Hofbaum ist ein Nussbaum.

Dann werden sie auf der Darre getrocknet. Ein guter Nussbaum bringt rund 50 kg Nüsse. Auch die grünen Nüsse werden genutzt: Auf manchem Bauernhof werden einige schöne Nüsse vor Johanni (24. Juni) gepflückt – weil sie sich dann noch zerschneiden lassen. Sie liefern den magenstärkenden grünen Nusslikör! Weil die Johannisnacht zu den zauberkräftigsten im Jahreslauf gehört, sollen Nüsse, die an Johanni geerntet werden, Gewähr für einen besonders heilkräftigen grünen Nusslikör geben.

Eine von vielen Zubereitungen lautet folgendermaßen:

Etwa 15 bis 20 tadellose grüne Walnüsse waschen, abtrocknen und in kleine Stücke schneiden. Wer sich die Finger nicht verfärben will, trägt dabei Küchenhandschuhe! Nussstücke mit einer Zimtstange in ein Einmachglas füllen und mit 1 l Weingeist auffüllen. Gut verschlossen an einem warmen Platz 4 Wochen lang ziehen lassen. Dann abseihen, am besten durch ein Tuch. 1 l Wasser mit Honig oder Zucker (250 g) aufkochen und abkühlen lassen. Den alkoholischen Extrakt mit der kalten Zuckerlösung mischen und in schöne Glasflaschen füllen und nachreifen lassen. Je länger er lagert, desto besser schmeckt er!

Nussblätterabsud

Die gerbstoffhaltigen Nussblätter und Fruchtschalen fanden als arzneiliche und kosmetische Hausmittel vielerlei Verwendung. Erwähnt sei der Nussblätterabsud gegen Kopfläuse und die mit Alaun versetzte Haarbeize, die das Haar der Rothaarigen dunkler tönte. Auch als einfachen „Selbstbräuner" hat man sich den Farbstoff der grünen Schalen zu Nutzen gemacht – das ungewollte Braunfärben der Hände beim Schälen ist ja allgemein bekannt. Frische Nussblätter hängte man gegen Ungeziefer in den Kleiderschrank und der aromatische Duft der Blätter hält auch Bienen und Käfer vom Nussbaum fern. Mit einem Sud von Nussblättern hat man Pferde abgerieben, um sie vor Schmeißfliegen und Mücken zu schützen. Die weitverbreitete Meinung, Schnaken würden auch die abendliche Kühle unterm Nussbaum meiden, ist eine irrige Annahme und wird von all denjenigen widerlegt, die dort schon in die Waden gestochen wurden. Walnussblätter finden auch als Gerbstoffdroge Verwendung.

Holz

Das schöne Nussbaumholz kann man in einem Museum oder einer Sammlung für alte Jagdwaffen bewundern. Die Schäfte sind zumeist aus dem schlicht gemaserten dunklen Holz der Walnuss hergestellt. Es ist ein altes Waffenholz und wurde schon für die mittelalterlichen Armbrüste und die urigen Vorderladergewehre gebraucht. Noch in beiden Weltkriegen wurde es zur Herstellung von Gewehrschäften benötigt und Nussbäume wurden für diesen Zweck forstlich angebaut. Es ist auch ein kostbares Möbelholz von seidigem Glanz, und gerade in Museen lassen sich wunderbare Holzintarsien und Möbelstücke aus Nussbaum finden. Selbstverständlich ist es auch heute noch ein geschätztes Furnierholz, es ist eine der wertvollsten Nutzhölzer überhaupt. Der Volksmund will wissen, dass am Misthaufen stehende Walnussbäume ein besonders intensiv gemasertes Holz und Wurzelholz ausbilden.

Edel-Kastanie

(*Castanea sativa*)

Hofbaum

Die Edel-Kastanie, die auch Ess-Kastanie, Maronenbaum oder Kästenbaum heißt, gedeiht nur in kalkarmen Regionen in luftfeuchtem und frostarmem Klima. Als Hofbaum ist sie vom Niederrhein bis in die Voralpen verbreitet. Edel-Kastanien sind schön belaubte Bäume; wenn sie sich frei entwickeln können, sind sie kurzstämmig und breitkronig. Sie erfreuen durch ihr schönes Laub, ihre hellgrünen Stachelfrüchte und schließlich die Maronenernte im Herbst.

Vorkommen und Verwendung

Die Wildform der Edel-Kastanie ist vermutlich auf dem Balkan und in Kleinasien heimisch.

Ob die Edel-Kastanie auch in Deutschland ursprünglich heimisch ist oder erst in der Römerzeit eingeführt wurde, ist nicht ganz klar.

Kastanien sind kalkmeidend, mögen tiefgründigen Boden, weitgehend frostfreies Klima und hohe Luftfeuchtigkeit. Ausgedehnte Bestände kommen bei uns nur an den sonnenseitigen unteren Hanglagen von Schwarzwald, Odenwald und Spessart vor. Dort war ein Kastanienwäldchen oberhalb der Weinberge dem Weinbauern mehrfach nützlich. Es sorgte für ein

Um 1950 befand sich in diesem Fachwerkhaus in Mittelehrenbach eine Dorfwirtschaft. Ein fahrender Baumschulhändler hinterließ zur Abgeltung seiner Zeche einen Edelkastaniensetzling – den heutigen Hofbaum.

Eine Edel-Kastanie (rechts) und eine Rosskastanie (links) stehen am Wohnhaus des Brienenhofes bei Kleve.

günstiges Mikroklima, sein Laub war ein nützlicher Dünger in der Dauerkultur des Reblandes und die Stockausschläge lieferten die wichtigen Rebstecken. Die Kastanie hat die Fähigkeit Stockausschläge zu bilden, also aus den Baumstümpfen, den Stöcken, gefällter Bäume wieder auszuschlagen. Sie eignete sich damit für den sogenannten Niederwaldbetrieb. Die raschwüchsigen und ebenmäßigen Triebe lieferten außer den Rebstecken auch andere dauerhafte und erdboden- und wasserfeste Stecken für Lattenzäune und Holzroste sowie ein gutes Brennholz.

Im Tessin und den Bündner Südtälern wurde die Edel-Kastanie in Kastanienhainen, den Kastanienselven, nach agroforstwirtschaftlicher Betriebsart kultiviert, wobei die Früchte das wichtigste waren, und Weide, Streu, Holz und Kastanienhonig nebensächlich. Die Bäume wurden veredelt, man kennt mehrere Kultursorten. Aus ökologischen, landeskundlichen und touristischen Gründen werden verwilderte Selven heute wieder gepflegt.

Die Edel-Kastanien-Niederwälder, die Palinen, für Brennholz und Holzpfähle gab es nur in den etwas ortsferneren Berglagen.

Aussehen

Wenn sie im Freistand wachsen, sind Edel-Kastanien breitkronig und kurzschäftig. Es sind Halbschattenbäume, die etwa 20 m hoch werden und eine gebuchtete Krone ausbilden.

Sie sind langlebig und werden nördlich der Alpen über 300 Jahre alt, in den Südalpentälern auch 500 bis 700 Jahre. Die Rinde ist in der Jugend glatt und olivgrün, sie wird dann rissig und graubraun, Drehwüchsigkeit ist häufig. Edel-Kastanien sind Tiefwurzler mit weit verzweigtem Wurzelsystem.

Blatt, Blüte und Frucht

Die schönen, länglichen, scharf gezähnten Blätter sind oberseits lederartig und glänzend sattgrün, unterseits matt blassgrün, im Herbst nehmen sie eine goldgelbe Farbe an. Sie werden als Gerbstoffdroge genutzt.

Die Edel-Kastanie blüht im Juni/Juli, ihr eigentümlich süßlicher Duft ist unverwechselbar. Sie sind zwar Kätzchenträger, aber dennoch nicht ausschließlich windblütig, denn sie werden auch von Insekten bestäubt, neben Bienen hauptsächlich von Käfern. Die perlschnurartigen, langen, zunächst aufrechten männlichen Kätzchen bestehen aus Knäueln gelblicher Staubblüten mit schwach klebrigem Pollen.
Die Knäuel der grünen Stempelblüten sitzen zu zweit an ihrem Grund. Nach den Erkenntnissen der botanischen Wissenschaft ist Insektenbestäubung und Zwitterblütigkeit bei Höheren Pflanzen ursprünglich, während Windbestäubung und eingeschlechtliche Blüten abgeleitet sind.
Die Blütenverhältnisse bei der Edel-Kastanie legen es nahe, dass wir hier eine Blüte vom alten Käferblumentyp „auf dem Weg" zur Windbestäubung vor uns haben.
Die reiche Nektarabsonderung der männlichen Blüten ist für die Imkerei von Nutzen, man gewinnt hier den eigentümlich schmeckenden, dunkelbraunen Kastanienhonig.

Die Früchte, welche die Botaniker als Nussfrüchte bezeichnen, sitzen meistens zu dritt in einem sehr stacheligen Fruchtbecher. Sie erscheinen schon im Juli und zieren den Baum mit ihrem hellen Grün.

Im botanischen System wird die Edel-Kastanie mit Eiche und Buche in der Familie der Buchengewächse (Fagaceae) vereinigt. Denn so wie die Bucheckern und die Eicheln einen Fruchtbecher haben, der mehrere oder einzelne Früchte ganz oder

Nördlich der Alpen gedeihen die Früchte der Edel-Kastanie selten. Doch in besonders milden Regionen können sich durchaus schmackhafte Maronen entwickeln.

teilweise umhüllt, so verhält es sich auch mit dem vierklappigen Fruchtbecher der Echten Kastanie. Nicht von ungefähr hat man sie in den alten Pflanzenbüchern „Becherfrüchtler“ genannt.

„Heiße Maroni“ und andere Delikatessen
Die beliebteste Zubereitung der Früchte sind die „gerösteten Maronen“. Man benötigt dazu lediglich eine durchlöcherte Pfanne bzw. einen Ofen. Roh schmecken Maronen ganz mehlig, beim Erhitzen wird ein Teil der Stärke in Zucker verwandelt und sie bekommen dann auch den feinen Nussgeschmack. Vor dem Rösten muss man die braune Samenschale mit einem Messer kreuzweise einritzen, damit die Maronen wegen der starken Wasserdampfentwicklung nicht explodieren.

Kastanien sind nicht lange haltbar. Zur Aufbewahrung in der Schale müssen sie nach der Ernte sorgfältig auf Rosten luftgetrocknet werden. In den Kastanienselven des Bergell werden sie zur Konservierung in eigens dafür konstruierten Steinhäuschen geräuchert. Kastanien vom Hofbaum lassen sich durch Einfrieren nach Entfernen der braunen Schalen haltbar machen.

Maronen können als glasierte Maronen oder Maronenmousse als Beilage zu Wild gereicht werden oder als Füllung von Geflügel dienen. Für die Maronenfüllung einer gebratenen Gans benötigt man auf 250 g Maronen etwa 500 g kleine aromatische Äpfel, etwas Oregano und Salz.

Kastanien lassen sich auch in der Schale kochen: Ohne einzuschneiden in leicht gesalzenem Wasser mit etwas Fenchelsamen und Lorbeerblättern 20 bis 30 Minuten kochen. Wasser abgießen und Kastanien bei schwacher Hitze etwas austrocknen, damit sie fester und schmackhafter werden.

Ein schönes Maronendessert ist „Creme à la Nesselrode“. Ob Karl Robert Graf von Nesselrode, der zwischen 1780 und 1862 lebte, die Maronen in seiner niederrheinischen Heimat kennen gelernt hat, ist nicht bekannt. Er wurde in Lissabon geboren, erfuhr seine schulische Ausbildung in Berlin und verbrachte sein Leben als Diplomat und Staatsmann am russischen Hof in St. Petersburg. Seine Vorlieben für die schönen Seiten des Lebens, auch für die Genüsse der Küche, machten ihn zum Namensgeber für diese süße Nachspeise.

Creme à la Nesselrode

Zutaten: 125 g geschälte Maronen, ½ Stange Bourbon-Vanille , ½ l Milch, 375 ml süße Sahne, 3 Eigelb, 165 g Zucker, 6 Blatt weiße Gelatine, 1 Päckchen Vanillezucker, 1 Likörglas Maraschino, 50 g Sultaninen, 50 g Korinthen, 30 g feingehacktes Zitronat, Mandelöl.

Zubereitung: Die Maronen in der mit einer Vanilleschote gewürzten Milch weich kochen und durch ein Sieb streichen. 200 ml Sahne mit Eigelb und 125 g Zucker auf kleiner Flamme oder im Wasserbad zu einer dicken Creme schlagen. Dabei darf die Masse nicht zu kochen beginnen! Vom Feuer nehmen. Die in wenig kaltem Wasser eingeweichte Gelatine ausdrücken und unter die Creme rühren bis sie sich aufgelöst hat. Den Rest des Zuckers in einer Pfanne karamellisieren und mit den durch ein Sieb gestrichenen Maronen unter die Creme mischen. Kalt stellen. Den Rest der Sahne mit Vanillezucker steifschlagen und 3 Esslöffel davon als Garnitur zur Seite stellen. Bevor die Creme zu stocken beginnt, Sahne, Maraschino, Sultaninen, Korinthen und Zitronat behutsam unter die Creme heben. Eine Form mit Mandelöl ausstreichen und die Creme hineinfüllen, die jetzt im Tiefkühlfach halb gefrieren muss. Vor dem Anrichten auf eine Platte stürzen und zierlich mit der mit Maraschino aromatisierten Schlagsahne garnieren.

In Kriegs- und Notzeiten hat man die Maronen schlicht zu Mehl vermahlen und Brot daraus gebacken, das sogenannte Baumbrot. Der Nährwert des Kastanienmehls ist beachtlich, der Kohlehydratanteil beträgt rund 45 %. Auch eine Art Polenta wurde aus dem Mehl gebacken. Heute gelten solche Zubereitungen, selbstverständlich mit gewissen Verfeinerungen, als besonders naturnah und gesund, ebenso wie die Maroniflocken in der Müslimischung!

Gleich neben der Hofkapelle in Vordersteinberg (Chiemgau) steht eine hundert Jahre alte Edel-Kastanie. Die Maronen werden von der Hausfrau gerne in der Küche verwendet.

Holz

Die Kastanie gehört zu den kernholzbildenden Bäumen. Das Holz ist mittelschwer und kann ähnlich wie das der Eiche wegen seines Gerbstoffgehalts als Gerbholz gebraucht werden. Es ist daher auch sehr dauerhaft und wird wie Eichenholz unter Wasser immer härter. Es ist elastisch, gut bearbeitbar und spaltbar, es ist ein gutes Feuerholz, vor allem aber ist es ein schönes Möbelholz, das auch im Klavierbau gesucht ist. Für den Hausbau liefert es Treppen und Fensterrahmen. Wein- und Ölfässer sind oft aus Edel-Kastanien-Holz, auch die dunklen Holzkübel mit in Öl eingelegten Früchten, wie man sie nach südländischer Manier auf dem Wochenmarkt sieht.

In Grünanlagen und Gärten wird Kastanienholz wegen seiner Dauerhaftigkeit gegenüber Pilzen zum Bau von Palisaden und Staketenzäunen eingesetzt. Das Holzgewerbe greift, nachdem die Verwendung von Tropenholz durch die Regenwaldschützer geächtet wurde, gern wieder auf das Holz der Edelkastanie zurück.

Robustes Holz und gefährliche Pilzkrankheit

Durch Züchtung und Veredelung der Edel-Kastanien-Bäume konnten immer größere Maronen gewonnen werden, die wie oben beschrieben auf vielfältige Weise genutzt wurden.

Auch als Holzlieferant spielte die Baumart seit jeher eine wichtige Rolle. Ihr Holz ist weitgehend resistent gegen Nässe und Fäulen, deshalb wurde es gerne zur Herstellung von Rebenpfählen für den Weinbau genutzt. Auch im Schiffsbau und zur Produktion von Fässern war das Holz begehrt (siehe Abschnitt oben). Nachdem die umstrittene Anwendung giftiger Holzschutzmittel stark rückläufig ist, findet das fäulefeste Edel-Kastanien-Holz in vielen Bereichen verstärkt Verwendung.

In den letzten Jahrzehnten sind die Kastanienbestände durch eine der gefährlichsten Pilzkrankheiten, die sich immer weiter ausbreitet, den sogenannten Kastanienkrebs (*Cryphonectria parasitica*) bedroht. In Südeuropa führt die Krankheit zu massiven Schäden. Die Verbreitung des Kastanienkrebses nördlich der Alpen ist schwer zu überblicken und gilt in einigen Regionen Süddeutschlands als eingedämmt.

Die befallene Rinde reißt auf und darüber liegende Astpartien oder die Wipfelregion sterben ab. Die welken Blätter bleiben typischerweise an den Zweigen hängen. Tritt die Krankheit auf, so ist auf jeden Fall das Amt für Landwirtschaft oder eine andere zuständige Fachbehörde zu informieren. Die Entfernung und das Verbrennen der befallenen Äste und Zweige stellt die einzige Möglichkeit dar, die Ausbreitung der Krankheit einzudämmen.

Da der Pilz über Verletzungen am Stamm und an den Ästen in den Baum eindringt, ist die Vermeidung von Wunden der wirkungsvollste vorbeugende Schutz.

Zwei uralte Edel-Kastanien prägen den Eingangsbereich dieses Hofes in Weeze am Niederrhein.

Zwei alte Birnbäume zieren dieses schmucke Bauernhaus in Jork-Königreich im Alten Land.

Kultur-Birne

(*Pyrus communis*)

Hofbaum

Der Birnbaum, einer der häufigsten Hofbäume, begegnet uns in zweierlei Gestalt: als großkroniger Mostbirnbaum und als bescheidenerer mittelwüchsiger Hof- oder Hausbaum. Alte Mostbirnenbäume stehen oft auf Gehöften in Weilern, selten auf den Einödhöfen.

Birnbaumsorten, die nur mittelgroß werden, stellen den Hausbaum auf kleineren landwirtschaftlichen Betrieben und in der alten Zeit am Häuschen der Kleinbauern. Ein solcher Birnbaum wurde deutlich unterschieden von anderen Birnbäumen, die es sonst noch ums Haus gab, er war eben kein Birnbaum, er war der Hausbaum! Birnen gehören zu den schönsten Frühlingsbäumen, ein blühender alter Birnbaum ist die Verwirklichung des Frühlings!

Die Birne im Alltag und Brauchtum

„Birne" ist eine volkstümliche Bezeichnung für den menschlichen Kopf, und entsprechende Karikaturen sind jedermann geläufig. Nach dem Volksglauben konnten Birnbaumzweige Hexerei und Zauber abwehren. Der Birnbaum war auch Symbol der Fruchtbarkeit.

Holz-Birne und Obstbau

Mit ihrer Kleinfrüchtigkeit erinnern die Mostbirnen an ihre Abstammung von der Holz-Birne, die in der Tat eine der vielen Wildformen der Kultur-Birne ist, neben den südosteuropäischen und westasiatischen Wildarten. Der kleinblättrige, dornentragende Holz-Birn-Baum ist ein seltener mitteleuropäischer Waldbaum und wächst gern an sonnigen Waldrändern auf kalkhaltigem Untergrund.

Birnen werden in zahlreichen Kultursorten angebaut. Die Kulturgeschichte des Obstbaus beginnt bei uns mit Karl dem Großen; im Mittelalter wetteiferten dann Adel und Klerus um die Einführung und die Pflege des Obstbaus. In der Renaissancezeit erlebte die Obstkultur einen großen Aufschwung, durch den 30-jährigen Krieg ihren Tiefstand, und dann erholte sie sich langsam und erreichte Ende des 18. Jahrhunderts ihren Höhepunkt. Hoch im Kurs stand die Kunst des Veredelns. Den Wildlingen wurden Edelreiser aufgepfropft oder aufgepelzt. Das goldene Zeitalter der Sortenzüchtung – nicht nur der Birnen, auch anderer Obstarten – war zwischen 1750 und 1850. Es gab unglaublich viele Sorten, allein über 500 Birnensorten, die heute nur noch in den kostbaren Illustrationen pomologischer Fachbücher existieren, vielleicht auch genetisch in anderen Obstsorten weiterleben. Ende des 19. Jahrhunderts nahm in den Weinbaugegenden der Obstanbau nochmals einen ungewollten kräftigen Aufschwung, denn mit Einschleppung der Reblaus war der Weinbau in eine tiefe Krise geraten und die Weinlagen wurden zu Obstwiesenhängen gemacht. Und notgedrungen wurden die Weintrinker damals zu Mosttrinkern.

Blatt, Blüte und Frucht des Birnbaums

Die Blätter sind einfach, gestielt und wechselständig.

Die Blüten stehen büschelig und sind im Unterschied zum Apfelbaum rein weiß, die Staubbeutel sind rotviolett, im Gegensatz zur Apfelblüte, wo sie gelb sind. Der Duft ist unangenehm, trotzdem werden sie von Honigbienen besucht. Es handelt sich um eine typische insektenblütige Zwitterblüte. Sie ist fünfzählig, mit 5 grünen Kelchblättern und 5 weißen Blütenblättern, meist 15 bis 30 Staubblättern und 5 Fruchtblättern, die miteinander verwachsen und unterständig sind.

Die Früchte sind sogenannte Apfelfrüchte. Sie sind Verwachsungsprodukte aus den 5 balgfruchtartigen Fruchtblättern, die das pergamentartige Kerngehäuse und die Samen stellen, und dem Blütenbodengewebe, welches das mächtig entwickelte Fruchtfleisch bildet. Bei den unedleren Birnensorten liegen im Fruchtfleisch harte, „holzige" Bereiche, es handelt sich um

Das Alte Land südwestlich von Hamburg ist geprägt durch intensive Obstkulturen. Hochstämme wie diese Birnbäume findet man eher an den Höfen und in den Hausgärten.

Nester aus sogenannten Steinzellen, die bei der Holz-Birne besonders zahlreich sind und denen sie ihren Namen verdankt.

Die Birne ist eng verwandt mit dem Apfel, beide Arten gehören innerhalb der großen vielgestaltigen Familie der Rosengewächse (Rosaceae) zur Unterfamilie der Kernobstartigen (Maloideae), wozu die Quitte und der Speierling gehören, die ebenfalls Apfelfrüchte haben.

Birnenobst

„Kein Speis und Trank so sehr erquickt, wie Obst, das man vom Baume pflückt."

Der Birnbaum ist nach dem Apfelbaum der wichtigste Obstlieferant bei uns.

Obst spielte für die Volksernährung eine wichtige Rolle. Frisch schmeckt es am besten, doch die Lagerfähigkeit war begrenzt, daher galt es, das Obst haltbar zu machen. Man machte Dörrobst daraus, aus den Birnen z.B. Hutzeln oder gedörrte Birnschnitze, die man noch heute zur Weihnachtszeit im Hutzelbrot oder im Früchtebrot schätzt.

Eine altertümliche Art des Haltbarmachens von Birnen ist das Einlegen in Essig. Essigbirnen sind etwa 6 Monate haltbar, man reicht sie zu Fleischgerichten.

Zutaten: 1 kg reife Birnen, 3/8 l Rotweinessig, 3/8 l Rotwein, 100 g Zucker, 1 Zimtstange, 4 Gewürznelken, ½ Teelöffel Ingwerpulver.

Zubereitung: Birnen schälen, Stiel und Kerngehäuse entfernen, je nach Größe halbieren oder vierteilen. Für den Sud Essig, Rotwein, Zucker und Gewürze 10 Minuten kochen lassen. Dann die Birnen einlegen und 10 Minuten ziehen lassen. Die Birnen in ein Glas füllen, den Sud nochmals aufkochen und heiß über die Birnen geben. Das Glas gut verschließen.

Wichtig ist, dass die Gläser ganz sauber sind!

Hofbirnbäume

Die großen Mostbirnbäume sind eigentlich Überbleibsel aus einer Zeit, als das Mosttrinken noch üblich war. Außerhalb von Gehöften begegnet man den „Mostbirnveteranen" noch auf einer Baumwiese, als lückenhafte Baumreihe an einem alten Landsträßchen oder als Flurbaum.
Die Sorten sind sehr regionalspezifisch.
Im BW agrar-Wettbewerb wurde als Hofbaum in Oberschwaben und am Bodensee die 'Schweizer Wasserbirne' genannt, in Hohenlohe die 'Kirchensaller Samenbirne' und das 'Stuttgarter Gaishirtle', im Vorland der Schwäbischen Alb die 'Leipziger Rettichbirne'.

Die 'Schweizer Wasserbirne' ist eine bekannte Mostbirnsorte, die in der benachbarten Schweiz 'Thurgibirne' heißt.
Sie ist anspruchslos und wächst auch in Höhenlagen. Sie bildet hochkronige mäch-

Im Anklang an die alte Tradition werden heute wieder Birnbäume, wie hier im fränkischen Burkheim, als Hofbäume gepflanzt.

tige Bäume, blüht sehr üppig, die Birnen werden bei der Reife auf der Sonnenseite rotbackig. Der Baum zeichnet sich im Herbst durch eine rote Laubfärbung aus. Die Sorte macht ihrem Namen alle Ehre, denn ihre Birnen schmecken herbwässrig. Sie wurde außer als Mostbirne auch als Dörrbirne verwendet. Da sie wenig Gerbstoffe besitzt, wird sie zur Mostbereitung mit anderem Birnenmost oder Apfelmost gemischt.

Die 'Kirchensaller' ist eine regionaltypische Mostbirne Hohenlohes. Sie ist die wichtigste Sämlingsunterlage für Birnen in Deutschland. Auch sie eignet sich für Höhenlagen. Sie ist starkwüchsig und schmückt jeden Hof, ihre Herbstfärbung ist ein leuchtendes Gelb.

Das 'Stuttgarter Gaishirtle' ist eine typisch schwäbische Birnensorte, in Bayern kennt man sie unter der Bezeichnung 'Zuckerbirne'. Sie wird als Halbhochstamm kultiviert. Die ersten Birnen reifen schon Anfang August, sie sind süß und leicht moussierend. Man lässt sie nicht auf dem Baum reif werden und sie sind als Einmach- und Dörrfrucht bekannt gewesen. Bei Kleinbrennern ist die Sorte

Gleich eine ganze Gruppe alter Birn- und Apfelbäume bilden die Hofbäume dieses stattlichen Hofes in Asbichl (Oberbayern).

bis heute beliebt, denn sie gibt einen schönen Birnenschnaps (in den Obstbaugegenden haben viele Landwirte ein Brennrecht).

Die 'Leipziger Rettichbirne' ist eine seltene alte Sorte. Sie galt einst als erlesene Tafelbirne, heute rangiert sie als Kochbirne. Ihre Reife erreicht sie schon im August, die Birnen sind aber nur etwa 14 Tage haltbar. Der Baum wird etwa mittelhoch.

Most

Unter Most versteht man im oberdeutschen Sprachraum den vergorenen Saft von Äpfeln und Birnen, der anderswo saurer Most oder Apfelwein heißt. Der frische Saft, der Apfelsaft, ist der Süßmost. Nach anderem Sprachgebrauch ist Most die Bezeichnung für frischen unvergorenen Saft, der dann Apfelmost oder Birnenmost heißt.

Mostbirnen zeichnen sich im Allgemeinen durch einen hohen Gerbstoffgehalt aus, daher wird der gepresste Birnenmost mit Apfelmost verschnitten. Zur „Klärung", Haltbarmachung und Geschmacksverbesserung hat man ihm früher auch die Früchte des Speierlings beigemischt. Mostbirnen verwendet man auch zur Herstellung von Weingeist.

Holz

Trotz seiner Härte eignet sich Birnenholz zum Schnitzen. Holzmodel wurden aus ihm geschnitzt, auch die Gebäckmodel für Springerle! Es ist ein gesuchtes Furnierholz für Möbel und war auch beim Tischler und Drechsler begehrt.

„Verbrannte" Blüten

Der Feuerbrand wird durch den Befall mit einem Bakterium (*Erwinia amylovora*) hervorgerufen und ist eine der gefährlichsten Krankheiten der Birne. Die Symptome sind verbrannt wirkende Blätter, braune Blütenbüschel und welkende Jungtriebe. Außer Birnen werden auch andere Kernobstgehölze befallen. Es beginnt meist an den Blüten, die sich dann braun verfärben, denn Blüteninfektion ist am häufigsten. Dann trocknen die jungen Früchte und die Blätter. Witterungsfaktoren haben einen starken Einfluss: Regen und Wind verbreiten bakterienhaltige Tröpfchen und die Infektion breitet sich rasch aus. Informationen erteilen die örtlichen Pflanzenschutzdienste.

Beim Birnengitterrost (*Gymnosporangium sabinae*) handelt es sich um einen Rostpilz. Der Befall äußert sich in orangeroten Flecken auf den Blättern. Hier hilft Abräumen und Vernichten des Laubs.

Esche

(*Fraxinus excelsior*)

Hofbaumeignung

Frei stehende Eschen auf einem Hof haben einen unbeirrt aufwärtsstrebenden Wuchs und eine lockere lichte Krone und vermitteln einen erhabenen Eindruck.

Eschen stellen sowohl an der Küste als auch im Bergland Hofbäume, besonders häufig sind sie im Schwarzwald.

„Die bleibt!“, so wurde schon vor über 100 Jahren einem begeisterten Baumfreund, Ludwig Klein, dem Verfasser des badischen forstbotanischen Merkbuchs, vom Hofeigentümer beschieden, als er dessen Hofbaum, die damals schon monumentale Esche des Hierahof bei Saig, zu gründlich beäugte und deshalb für einen Holzaufkäufer gehalten wurde.

Standort

Die Esche ist ein Baum der feuchten Laubmischwälder von der Ebene bis in die mittleren Mittelgebirgslagen. Sie wächst im Feldgehölz und im Bachufergehölz und steht im Bergland gerne in der Nähe eines Bachlaufs. Neben dieser „Wasseresche“ gibt es auch eine kalkliebende Eschenform auf den Schutthalden in den Juragebieten. Sie ist sturmfest und kann die Blätter ihrer Blattbüschel ineinander rollen. Im Allgemeinen toleriert die Esche die meisten

Ein prächtiges Wohnhaus, ein gepflegter Vorgarten, das typisch Altländer Tor und eine Esche als Hofbaum – Aushängeschild dieses Hofes bei Hamburg.

Die Esche ist noch kahl, während die Kastanien schon blühen – eine Hofbaumsituation bei Witzwort auf Eiderstedt.

Böden, sie hat ein weitverzweigtes Wurzelwerk mit Senkerwurzeln und von allen heimischen Bäumen das ausgedehnteste Wurzelsystem überhaupt. Sie braucht neben Bodenfeuchtigkeit vor allem Licht. Frost und Hitze erträgt sie schlecht und auf Grundwasserabsenkung reagiert sie mit Wipfeldürre.

Wuchs und Krone, Äste und Laub

Das Blattwerk ist büschelig und der Schatten hell, damit weist sich die Esche als typische Lichtholzart aus. Erstaunlicherweise ist sie in der Jugend schattenverträglich, übrigens auch schnellwüchsig – bis zum 40. Jahr. Die Esche wird rund 30 m hoch und 200 bis 250 Jahre alt. Zwieselwuchs ist häufig, dann ist der Stamm „zwiefach", d.h. in zwei gleich kräftige Schäfte geteilt. Typisch ist auch, dass im Alter einzelne Äste im unteren Kronenbereich stark und ausladend werden. Im unbelaubten Zustand erkennt man die Zweige an den tiefschwarzen dicken Winterknospen, die sich paarweise an den hellgrauen Trieben gegenüber stehen.

Im Gegensatz zu den meisten heimischen Bäumen hat die Esche unpaarig gefiederte, rund 35 cm lange Blätter mit etwa 9 bis 13 scharf gesägten Fiedern. Das Laub der Esche erscheint relativ spät im Frühjahr und an den späten Austrieb von Esche und Eiche ist folgende Bauernregel festgemacht:

Treibt die Esche vor der Eiche, hält der Sommer große Bleiche.
Treibt die Eiche vor der Esche, hält der Sommer große Wäsche.

Auf eine schöne Herbstfärbung des Eschenlaubs wartet man vergebens, die Blätter bleiben grün und fallen spätestens nach dem ersten Frost schlagartig ab.

Laubfutter und Blattgrün

Das frische Laub der Esche war noch im letzten Jahrhundert ein wichtiges Viehfutter, und nach Auskunft einer Hofbaumbesitzerin bekommt ihr Vieh auch heute noch einen Arm voll Eschenlaub als gelegentliche Delikatesse.

Eschen sind raschwüchsig und unverwüstlich; vor allem Jungeschen und der Eschenaufwuchs, der sich an der Hofgrenze einstellt, ergrünen immer wieder, auch wenn sie angefressen werden. Schafe, Ziegen und Rinder nehmen das Eschenlaub gerne an! Aber aus jungem Eschenlaub würde sich heute wohl niemand mehr Tee zubereiten, auch denkt man bei fiebersenkenden Mitteln nicht mehr an Eschenrinde und Eschensamen.

Alle grünen Pflanzen bauen aus dem Kohlendioxid der Luft und dem Wasser, das sie aus dem Boden aufnehmen, Zucker und Stärke auf. Die Pflanze braucht dazu das Blattgrün oder Chlorophyll und als Energiequelle das Licht der Sonne. Dieser Prozess heißt Photosynthese. Es entsteht dabei Sauerstoff. Alle Nahrungsmittel entstehen übrigens so, was viele Stadtmenschen gar nicht wissen. Konrad Lorenz hat diesen Sachverhalts so kommentiert: „Es gibt unglaublich wenig Leute auf dieser Welt, die sich wirklich bewusst sind, dass sie nur das essen können, was die Photosynthese der grünen Pflanzen erzeugt, dass man Essbares nicht machen kann."

Schneitelung

Das Schneiteln der Eschen zur Gewinnung von Viehfutter gehört längst der Vergangenheit an. Für Laubheu eignen sich Blätter mit hohem Eiweißgehalt, neben Esche sind dies Ulme und Hainbuche. Beim Schneitelbetrieb bleibt im Gegensatz zum Kopfholzbetrieb, der bei Weiden üblich ist, der Hauptstamm erhalten, nur der Gipfeltrieb wird eventuell eingekürzt. Die Seitenäste erster Ordnung werden abgehauen. Hier treiben neue Zweige aus, die je nach Art in 1- bis 3-jährigem Turnus geerntet werden. Für die Schneitelung eignen sich außer der Esche auch die Ulme, der Feld-Ahorn, der Berg-Ahorn, die Edel-Kastanie und die Birke. Der Wald war bis etwa 1830 nicht nur der Holzgewinnung vorbehalten, sondern er war wie die Hardte und die Holzwiesen Grundlage der Viehhaltung und Viehfütterung. Für die Winterfütterung hat man die geernteten Laubzweige in luftigen „Lauben" getrocknet. Geschneitelte Bäume lassen natürlich eine hehre Baumgestalt vermissen, sie sind bis zur Unkenntlichkeit verstümmelt. Bei der Lektüre von Hermann Hesses Gedicht „Gestutzte Eiche" (siehe unten), könnte man versucht sein zu glauben, es handle sich um einen geschneitelten Baum. Übrigens wurden in südlichen Ländern tatsächlich Eichen auf diese Weise beschnitten, bei uns hingegen war es vornehmlich die Ulme.

Wie haben sie dich, Baum, verschnitten,
wie stehst du fremd und sonderbar!
Wie hast du hundertmal gelitten,
bis nichts in dir als Trotz und Wille war!

Blüte und Frucht

Die unscheinbaren, weil kronenlosen Blüten der Esche erscheinen vor dem Laub. Sie sitzen in dichten Büscheln an den alten Trieben, etwas Farbe geben ihnen die violetten Staubbeutel, sofern die Blüten zwittrig oder männlich sind. Auch rein weibliche

Die hohe Esche vor dem Nazihäuslehof (Ignazius verkürzt zu Nazi) bei St. Märgen gehört zu den am spätesten austreibenden Hofeschen des Schwarzwaldes.

Das eingewalmte schindelgedeckte Schwarzwälder Haus des Nazihäuslehofs stünde ohne seine markante Esche unvollkommen und bloß auf der Schwarzwaldhöhe oberhalb des Spirzentals zwischen Breitnau und St. Märgen. Das Foto wurde vermutlich 1954 aufgenommen (Landkreis Breisgau-Hochschwarzwald).

Eine Esche, die aus mehreren Stämmen besteht, ist Hofbaum des Griesbachhofes bei Titisee-Neustadt (Schwarzwald).

Blüten kommen vor, meistens sind die Blüten jedoch zwittrig. Die Bestäubung erfolgt durch den Wind. In Büscheln sitzen auch die hellbraunen zungenförmigen Flügelfrüchte, die oft bis zum Frühjahr am Baum hängen. Es sind sogenannte „Drehschraubenflieger“, die sich um ihre Längsachse und zusätzlich in einer schraubenförmigen Flugbahn bewegen und damit rund 150 m weit gelangen.

Die Esche ist ein Vertreter der Ölbaumgewächse (Oleaceae), wozu auch Liguster und Flieder sowie die Forsythie gehören und selbstverständlich der Ölbaum.

Das Holz der Esche

Eschenholz ist sehr biegsam, deshalb ist die Esche ein idealer Baum an windgepeitschten Standorten. Selbst Sommerstürmen trotzt sie mühelos, indem sie ihre Fiederblätter in eine windschnittige Form rollen lässt. So kommt es, dass Eschen auch in der Nähe der Nordsee und in den windträchtigen Hochlagen des Schwarzwaldes als Hofbäume zu finden sind.

Unter allen heimischen Baumarten hat das Holz der Esche die höchste Querzugsfestigkeit. So lieferte ihr langschäftiges, biegsames und gut bearbeitbares Holz seit vielen Jahrhunderten Stiele für Schaufeln, Äxte und Kreuzhacken. Eschenholz scheint nicht zu brechen und war deshalb auch beim Wagnermeister als Bauholz für hölzerne Wagenräder, bis zur Einführung des Gummireifens, in der Landwirtschaft sehr begehrt. Skier, Schlitten, Ruder, Bögen und Speere wurden aus Eschenholz gefertigt. Da es kaum schwindet, war Eschenholz auch beim Drechsler sehr beliebt. Außerdem wurde es im Flugzeug- und Bahnwaggon-Bau und bei Turn- und Sportgeräteherstellern sehr häufig verwendet.

Pflege von Eschen

Trotz aller Stabilität und Belastbarkeit neigt die Esche bei langer Trockenheit im Sommer zu Grünastbrüchen. An weit ausladenden und schweren Ästen kann es zu Längsrissen und später zur Ausbildung sogenannter „Unglücksbalken“ mit akuter Bruchgefahr kommen. Spätestens dann sollte der Baumpfleger zum Entlastungsschnitt gerufen werden.

Viele Eschen neigen zur Bildung von V-förmigen Zwieselungen und infolge dessen zur Ausbildung von zwei in etwa gleich starken Stämmen, deren Rinde an den Berührungsstellen allmählich einwächst. Diese Konstellation führt nahezu zwangsläufig zu üblen Ausbruchswunden, die dem langen Eschenleben ein frühes Ende setzen können. Deshalb sollten bei einer jungen Esche durch gezielte Schnitte die Bildung von V-Zwieselungen verhindert werden.

Alte Eschen bilden am Stammfuß häufig flaschen- oder glockenförmige Verdickungen und nicht selten verbirgt sich dahinter eine ausgedehnte Holzfäule, verursacht durch holzzerstörende Pilze wie Hallimasch und Lackporling. Mit der Verdickung des Stammes versucht der Baum, den Holzverlust im Innern zu kompensieren. Der Esche gelingt es meist, sehr lange ausreichend stabil zu beiben. Wird ihre Krone auffallend schütter oder zeigen sich offene Höhlungen am Stamm oder am Stammfuß, so ist dringend fachlicher Rat einzuholen.

Ahorn

Berg-Ahorn (*Acer pseudoplatanus*), Spitz-Ahorn (*Acer platanoides*), Feld-Ahorn (*Acer campestre*)

Alle drei Ahorne sind heimische Waldbäume und gehören mit weiteren Ahornarten zur Familie der Ahorngewächse (*Aceraceae*).

Hofbaumeignung

Der Berg-Ahorn hat es in den Hochlagen des Schwarzwaldes zum Hofbaum gebracht, was nicht verwundert, denn er ist ein Baum des Bergwaldes. Er würde sich bestimmt auch in anderen Mittelgebirgsregionen als Hofbaum eignen, scheint aber wenig Beachtung zu finden. Er ist ein schöner mittelgroßer Baum mit länglich-runder Krone.

Aussehen

Der Berg-Ahorn ist der größte unter den heimischen Ahornarten und seine Kronenform ist gebuchtet, selten ebenmäßig. Er wächst in der Jugend langsam und wird frei stehend etwa 25–30 m hoch und über 2 m stark – er kann 400 bis 600 Jahre alt werden. Seine Rinde bleibt lange glatt, erst im Alter entsteht die lebhaft gemusterte Borke, die wie bei der Platane in Schuppen abblättert.

Kulturelles

Nach dem alten Volksglauben schützte der Berg-Ahorn vor Dämonen. Er wurde nicht nur in der heidnischen Zeit, sondern auch im christlichen Mittelalter verehrt und ist bis heute in bergigen Regionen als Flurbaum mit Feldkreuz anzutreffen.

In der deutschen Sprache nimmt der Ahorn insofern eine Sonderstellung ein, als er den männlichen Artikel führt. Außer ihm und dem Speierling sind alle Bäume weiblichen Geschlechts, ausgenommen diejenigen, die auf -baum enden. Bäume haben auch heute noch eine weibliche Aura, und in der spät christianisierten Welt Mitteleuropas bewahrten sie ihr weibliches Geschlecht – im Gegensatz zu den Bäumen bei den romanisch sprechenden Völkern, wo sie vorwiegend männlich sind. In der lateinischen Sprache sind alle Bäume weiblich, denn bei den alten Römern waren sie von Nymphen und anderen weiblichen Gottheiten bewohnt.

Standort und Verbreitung

Der Berg-Ahorn liebt kühle luftfeuchte Lagen und ist ein Baum des Berglandes und des Gebirges, er fehlt den Wäldern der Tieflagen von Natur aus. Er kommt in feuchten Bergtälern und an Gebirgsbächen vor und schätzt tiefgründigen nährstoffreichen Boden. Er gedeiht auch auf lockerem feuchtem Bergschuttboden. Wie Ulme und Linde erträgt er mechanische Verletzungen durch Steinschlag und Zugspannungen an den Wurzeln recht gut.

Blatt, Blüte und Frucht

Die fünflappigen derben zugespitzten Berg-Ahornblätter ähneln Weinblättern; sie sind oberseits dunkelgrün, unterseits gräulich, die Blattstiele sind lang und rot, die Blattstellung ist kreuzgegenständig, die Herbstfärbung zitronengelb. Die grünlich gelben, hängenden Blütentrauben erscheinen erst nach dem Laub und werden gerne von Bienen besucht, der Nektar ist frei zugänglich. Die Blüten sind eingeschlechtlich, kommen aber nebeneinander in der selben Traube vor. Als Früchte bildet der Ahorn einsamige Nüsschen, die je zu zweit miteinander verwachsen sind und sich in lange grüne Flügel fortsetzen. Diese beiden Spaltfrüchte zerfallen bei der Reife in die mit Flügeln ausgestatteten Teilfrüchte, die als „Propeller" etwa 100 m weit fliegen. Im Winter, wenn sie vom Wind verfrachtet werden, schaffen sie weit größere Entfernungen.

Der Blutungssaft des Baumes im zeitigen Frühjahr wurde früher zur Gewinnung von Zucker genutzt. Das Holz ist hell und glänzend und war ein begehrtes Wagner- und Schnitzerholz. Es ist nach wie vor ein gutes Möbelholz. Aus Ahornholz waren auch die früher beliebten weihnachtlichen Laubsägearbeiten.

300 bis 400 Jahre alt ist der Berg-Ahorn beim Jäckleshof in St. Georgen-Brigach (Schwarzwald). Der knorrige alte Baum steht neben der Hofzufahrt, dicht am Speicherhaus.

Ein besonders attraktives Ensemble bilden die beiden Berg-Ahorne am Eingang zum Dietelhof in Kleinlosnitz. Heute ist der typische oberfränkische Vierseithof Bestandteil eines Bauernhofmuseums.

Herbstfärbung

Laubbäume werfen ihre Blätter regelmäßig im Herbst ab und überwintern kahl. Damit dem Baum nicht wertvolle Stoffe verloren gehen, werden diese vorher abtransportiert und als Stärke in Wurzel und Holz eingelagert. Auch das Blattgrün wird abgebaut, und damit bleiben gelbe Farbstoffe zurück; zusätzlich werden oft rote Farbstoffe eingelagert. Das Laub verfärbt sich und wir können je nach Baumart die bunte Herbstfärbung bewundern, die nach trockenen warmen Wochen schöner ausfällt als nach nassem kühlem Wetter. Bevor das Blatt fällt, entsteht eine verkorkende Trennschicht an der Ansatzstelle und dann genügt ein kleiner Luftzug und die Blätter fallen. Bei der Trauben-Eiche und Hainbuche bleiben die Blätter teilweise den ganzen Winter über haften. Es handelt sich vermutlich um ein altes Erbe unserer Laubbäume, um eine „Erinnerung" an ihre stammesgeschichtliche Vergangenheit, als sie noch nicht laubabwerfend waren.

Spitz- und Feld-Ahorn

Der **Spitz-Ahorn** ist eine seltene Hofbaumart. Er bildet eine ebenmäßige kugelige bis ovale Krone und ist als Schmuckbaum in Parkanlagen und Alleen gebräuchlich.

Am natürlichen Standort bevorzugt er tiefere, sommerwärmere Lagen als der Berg-Ahorn und erträgt auch kontinental getöntes Klima. Er ist eine Halbschattenbaumart und wächst in der Jugend rascher als der Berg-Ahorn, bleibt dann aber im Höhen- und Stärkenwuchs hinter diesem zurück. Er wird „nur" 100 bis 150 Jahre alt und erreicht eine Höhe von 20–30 m, insgesamt ist er anpassungsfähiger als der Berg-Ahorn.

Die Blätter sind ebenfalls gelappt und zu 5 spitzen Zipfeln ausgezogen, wovon der Baum seinen Namen erhalten hat, sie ähneln etwas den Blättern der Platane, und die Blattstiele und die Blattrippen sind milchsaftführend. Die Blätter eines Zweigs stehen mit den Blattflächen in einer Ebene, ohne sich gegenseitig zu überdecken. Damit bilden sie ein Blattmosaik, das durch die kreuzgegenständige Blattstellung und die unterschiedliche Blattstiellänge ermöglicht wird. Die Herbstfärbung ist rotorange bis goldgelb.

Die grünlich gelben Trugdolden erscheinen kurz vor dem Laubaustrieb und machen die golden blühenden Spitz-Ahorne zu attraktiven Frühlingsboten und zu einer guten Bienenweide.

Der **Feld-Ahorn** oder Maßholder ist selten unter den Hofbäumen, obwohl er sich auf kleinen Hofstellen gut eignen würde, denn er ist bruchsicher und nicht krankheitsanfällig. Allerdings ist seine Krone etwas sparrig und unregelmäßig und beim Hofbaum wünscht man sich wohl eher eine ebenmäßige Kronenform.

Der wärmeliebende Feld-Ahorn ist eine Baumart des kalkreichen Hügellandes und wächst in trockenen Eichenmischwäldern, am Waldrand und in Flurgehölzen. Wegen seiner Ausschlagsfähigkeit war er auch im Niederwald zu finden. Er gilt als sogenannter „Kleinbaum" und wird meistens als Strauch kultiviert, kann aber in 40 bis 50 Jahren doch zu einem Baum von 10–15 m Höhe heranwachsen. Er ist genügsamer als die beiden anderen Ahornarten, aber wärmebedürftiger. Von den anderen Ahornarten ist er an den dreilappigen kleinen

Beengt und dicht am Haus steht dieser Spitz-Ahorn in Weikersheim-Honsbronn. Obwohl seine Wurzeln ins Haus eindringen und die Blätter häufig die Dachrinne verstopfen, darf der Ahorn, der sich einst als Sämling selbst für den Standort entschieden hat, bleiben.

Typischer Unglücksbalken am Spitz-Ahorn.

Blättern leicht zu unterscheiden, wobei die Blattgestalt sehr variabel ist. Der Blattstiel und die Rippen führen etwas Milchsaft. Er blüht im Allgemeinen mit dem Laubaustrieb im Mai. Wie alle Ahorne hat auch er eine Frucht, die aus zwei Flügelfrüchten zusammengesetzt ist.

Als ausschlagfähiges Gehölz wird er wie die Hainbuche gern als Schnitthecke zur Hofeingrünung herangezogen. Früher war er Laubfutterbaum wie die Esche. In Kriegund Hungerzeiten hat man Feld-Ahorn-Blätter als Gemüse wie Spinat zubereitet oder sie vergoren wie Sauerkraut gegessen. Das Holz ist wegen seiner schönen Maserung bei Drechslern gesucht.

Baumpflegerische Aspekte zu den drei Ahornarten

Die drei Ahornarten schotten durch Brüche und Verletzungen entstandene Wunden gut gegen eindringende Pilze ab. Bei Schnitten ist dennoch sehr auf die richtige Ausführung zu achten.

Berg- und insbesondere Spitz-Ahorn neigen häufig zur Bildung von V-Zwieselungen, die dann oft später zu üblen Brüchen führen; die richtige Pflege des Jungbaums ist die einzige Möglichkeit zur erfolgreichen Verhinderung dieser Brüche. Ein weiteres Phänomen tritt insbesondere beim Spitz-Ahorn auf: Häufig bilden sich im unteren Kronenbereich starke gebogene Äste, sogenannte Unglücksbalken, die später unter Last in Längsrichtung aufreißen.

Insbesondere in feuchten Sommern bildet sich an Spitz- und Feld-Ahorn auf der Blattoberseite der weißlich mehlige Belag des Mehltaupilzes. Mehltau ist meist nur ein ästhetisches Problem, denn zu einer Schädigung der Vitalität des Baumes kommt es üblicherweise nicht. Ähnlich ist es mit der Teerfleckenkrankheit. Die Infektion beginnt während des Frühjahrs und im Laufe des Sommers bilden sich die schwarzen Flecken mit den typischen gelben Rändern.

Relativ kritisch sind verschiedene Krankheitsphänomene an den Stämmen zumeist junger Ahornbäume zu bewerten. Längsrisse auf der Süd- und Westseite der Stämme können durch intensive Sonneneinstrahlung verursacht sein. Hierbei handelt es sich um sogenannte Sonnennekrosen. Intensive Sonneneinstrahlung im Spätwinter, verbunden mit deutlichen Temperaturschwankungen, sind die Ursache der auch in Form von Längsrissen auftretenden Frostrisse. Mitunter treten auch Risse mit nässendem Ausfluss auf. Reißt die Rinde wiederholt auf, kommt es zur Bildung einer deutlichen Längsrippe am Stamm. Die Ursachen hierfür sind nicht eindeutig geklärt, können möglicherweise auch im unmittelbaren Zusammenhang mit der Herkunft des gepflanzten Baumes gesehen werden. Denn diese Phänomene treten insbesondere an Ahornarten auf, die vegetativ vermehrt von amerikanischen Klonen abstammen. Im Zweifelsfall ist es sinnvoll, sich fachlichen Rat einzuholen.

Die Teerfleckenkrankheit, hier am Blatt des Berg-Ahorns, ist meist nur ein ästhetisches Problem.

Rot-Buche

(*Fagus sylvatica*)

Hofbaum

In Süddeutschland spielt die Rot-Buche weder als Hofbaum noch sonst auf dem Hof eine Rolle. In Norddeutschland hingegen begegnet man der Rot-Buche eher, gerne seitlich des Wohnhauses im Garten, meistens in Form der sogenannten Blut-Buche.

Im Norden sind Rot-Buchen neben Eichen auch als Schutzbäume an der Wetterseite der Gehöfte üblich. Die Buche ist wenig sturmgefährdet und kennt kaum Schädlinge.

Volksglauben

Nach altem Volksglauben soll der Blitz nicht in Buchen einschlagen, sondern in Eichen. „Eichen sollst du meiden, Buchen sollst du suchen!" Tatsächlich werden Buchen wohl ebenso häufig vom Blitz getroffen wie Eichen, doch von den schwersten Blitzschäden bleiben sie verschont, weil der Blitz an ihrer glatten regennassen Borke eine schnellere Ableitung in den Boden finden kann als an der rissigen Eichenborke und kaum Spuren hinterlässt.

Namen

Unsere Bezeichnung Buche leitet sich vom althochdeutschen „buohha" her, und ein

Eine weit ausladende, das Haus überragende Krone hat die Buche an der Westseite des Reymannshofes bei Kleve entwickelt.

Die hohe Blut-Buche ist der Hofbaum des Südenseehofes bei Sörup im Norden Schleswig-Holsteins.

Buch ist die Bezeichnung für zusammengebundene, aus Buchenholz gefertigte Schreibtafeln! Nicht nur viele Ortschaften, auch zahllose Familien führen den Wortteil „buch" im Namen.

Der Begriff Rot-Buche ist eine ursprünglich forstliche Bezeichnung, die vom rötlichen Holz abgeleitet ist, um den Baum von der sogenannten Weißbuche oder Hainbuche, die helles Holz hat, abzugrenzen. Umgangssprachlich heißt der Baum schlichtweg Buche. Obgleich sich Rot-Buche und Weißbuche bzw. Hainbuche in mancher Beziehung ähneln, sind sie nicht näher miteinander verwandt und gehören sogar zu ganz verschiedenen Pflanzenfamilien, die Rot-Ruche ist ein Buchengewächs (Fagaceae) und die Hainbuche ein Birkengewächs (Betulaceae).

Blut-Buche (*Fagus sylvatica* fo. *purpurea* bzw. *Fagus sylvatica* 'Purpurea')
Blut-Buche ist die Bezeichnung für Buchen mit blutrotem Laub. Das Blattgrün im Blattinnern ist durch rote Farbstoffe, die Anthocyane, des äußeren Hautgewebes verdeckt. Rote Blätter enthalten also genauso viel Blattgrün wie grüne. Es handelt sich um eine Mutation, die wohl immer wieder spontan auftritt.

Eine gezielte Kultur gibt es erst seit dem 18. Jahrhundert. Die Blut-Buche wurde im 19. Jahrhundert regelrecht Modebaum und ziert noch heute manches Amtsgebäude oder eben auch den Garten wohlhabender Ackerbauern im nördlichen Angeln. Bei einer Nachzucht aus Samen sind nur rund die Hälfte der Bäume wieder blutlaubig. Formen, die durch Samen vermehrt werden, führen die botanische Bezeichnung fo. *purpurea*. Wird die Vermehrung durch Pfropfung von blutlaubigen Buchenzweigen auf grünlaubige Unterlagen erzielt, dann handelt es sich um 'Purpurea' oder – nicht ganz korrekt, aber sehr gebräuchlich – 'Atropunicea'.

Standort, Vorkommen und nacheiszeitliche Ausbreitung

Die Rot-Buche bevorzugt als subatlantische Baumart ein wintermildes und sommerwarmes Klima mit reichlich Regen. Sie hat ihr Hauptvorkommen in Mitteleuropa und ist der häufigste Laubbaum unserer Wälder. Sie würde in unseren Laubwäldern noch viel stärker dominieren, hätte nicht die Forstwirtschaft sie durch die Fichte verdrängt. Die Buche wächst auf tiefgründigen Kalkböden, kommt aber auch noch gut mit mäßig sauren Mineralböden zurecht; sie wächst in Höhenlagen von 400–900 m, in sonnigen Lagen des Schwarzwaldes und der Voralpen auch

Rot-Buchen behalten während ihres ganzen Lebens ihre glatte silberweiße Borke. Sie bilden rasch kräftige Stämme, mitunter kann auf diese Weise schon einmal eine Zaunsäule abhanden kommen.

Prächtige Rot-Buchen und ein Berg-Ahorn prägen die Straßenseite des Vossenhofs in Kellen am Niederrhein.

höher. Gegen Spätfröste ist sie empfindlich, stauende Nässe, hohen Grundwasserstand sowie Überschwemmungen erträgt sie nicht, deshalb fehlt sie in Flussniederungen und im Auwald.

Waldgeschichtlich ist die Rot-Buche eine junge Art in Mitteleuropa. Sie ist als letzter Waldbaum nach der baumfreien Nacheiszeit bei uns eingewandert, in einer niederschlagsreichen, atlantisch geprägten Klimaperiode.

Um 5000 Jahre v.Chr. war sie noch spärlich, erst zwischen 2000 bis 1000 v.Chr. hat sie sich, abgesehen von den Inneralpen, in ganz Mitteleuropa ausgebreitet. Ihr eiszeitliches Refugium war auf dem Balkan, ein zweites bestand in den Cevennen.

Wuchs

Außerhalb des Waldes kommen Rot-Buchen als Weidbuchen oder Hutebuchen vor; sie haben einen kurzen Stamm und breite Kronen. Im Freistand wird die Buche etwa 30 m hoch und mindestens ebenso breit, etwa 2 m dick und rund 300 Jahre alt. Das Ausschlagvermögen ist unbedeutend, das Lichtbedürfnis gering. Die Buche erträgt nicht nur Schatten, sie spendet auch von allen mitteleuropäischen Laubbäumen des Waldes den stärksten Schatten und bildet ein geschlossenes, kaum Licht durchlassendes Kronendach, denn die langen, weitreichenden Äste besitzen zahllose kurze Seitentriebe, die sich alle belauben können. Im Erdreich ist sie durch kräftige Herzwurzeln verankert.

Blatt

Das Blatt der Rot-Buche ist eiförmig und glattrandig und in der Jugend seidig bewimpert, dann fast kahl und von kräftiger grüner Farbe. Der Laubaustrieb erfolgt Ende Mai. Im Hochsommer können kegelförmige, 1 cm lange Gebilde auf den Blättern auffallen, es sind Gallen der Buchenblattgallmücke (*Mikiola fagi*). Im Herbst färbt sie sich wunderbar bräunlich bis gelbrot. Der Winteraspekt ist bestimmt von den zweizeilig angeordneten Winterknospen, die dachziegelartig von roten Knospenschuppen umhüllt sind. Das Laub war als Viehfutter verwertbar und das Falllaub als weiche Einstreu.

Blüte und Frucht

Mit den Blättern erscheinen die an langem Stiel pendelnden, rötlichen männlichen Kugelkätzchen und die kleinen, kugelig grünen weiblichen Köpfchen auf aufrechtem Stiel. Der Baum ist einhäusig und nur die männlichen Blüten stehen in Kätzchen. Die Bestäubung erfolgt durch den Wind. Der braune stachlige Fruchtbecher springt im Oktober vierklappig auf und entlässt die beiden dreikantigen Nüsse, die bekannten glänzend rotbraunen Bucheckern. Die Blütenverhältnisse und die Früchte zeigen Ähnlichkeiten mit der Eiche und der Edel-Kastanie, mit denen die Rot-Buche verwandt ist. Die Buche ist namengebend für die ganze Familie der Buchengewächse (Fagaceae).

Bucheckern

Bucheckern oder „Bucheln“ enthalten im Durchschnitt 20 % fettes Öl und 23 % Eiweißstoffe. In Notzeiten, wie im Herbst 1946, gewann man aus ihnen ein gutes hochwertiges Speiseöl und durch Rösten einen sogenannten Muckefuck, einen Kaffeeersatz von eigentümlichem Geschmack. Bucheckern sind zwar schmackhaft, wegen des Gehalts an Blausäure-Glykosiden sollte man rohe Bucheckern jedoch nur in Maßen verzehren. Das Öl ist gänzlich ungiftig.

Bucheckern dienten wegen ihres Nährstoffgehaltes der Schweinemast, weniger auf dem Hof als vielmehr im Waldweidebetrieb. „Ins Eckerich treiben“ ist eine noch immer bekannte Redensart.

Nur alle 5 bis 10 Jahre, je nach den örtlichen Verhältnissen, trägt die Buche eine „volle Mast“, also viele Bucheckern. Die Jahre dazwischen haben Sprengmasten.

Holz

Das Holz der Buche ist leicht spaltbar und von hohem Brennwert. Es war und ist ein vorzügliches Feuerholz! Buchenholz hat aber noch andere gute Eigenschaften, die es vielseitig verwendbar machen. Schulbänke waren früher aus Buchenholz, auch Möbel und viele Dinge des täglichen Bedarfs: Gartenbänke, Kinderlaufställe, Türschwellen, Treppenstufen und Parkettböden. Buchenholz liefert Holzkohle, Holzessig, Holzteer und Zellstoff.

Statik der Buchen

Rot-Buchen haben unter günstigen Bedingungen eine Lebenserwartung von ca. 300 Jahren. Die auf Rot-Buchen-Sämlingen veredelte Blut-Buche wächst schneller als die Art, erreicht jedoch in der Regel nur ein Lebensalter von etwa 150 Jahren. Da sich die Blut-Buche rascher entwickelt als die Veredlungsunterlage kann die Verbindungsstelle am Stamm der Blut-Buche eine potenzielle Bruchstelle sein. Auffällige, oft ringförmige, den Stamm umschließende Wulste im Bereich des Veredelungsstelle stellen ein Alarmsignal dar.

Rot-Buchen spalten sich am Stammkopf häufig auf und entwickeln an dieser für den Kraftfluss des Baumes entscheidenden Stelle zwei oder mehr sogenannte Stämmlinge. Als Stämmlinge werden aus dem Stammkopf entspringende, aufrecht wachsende stammähnliche Kronenteile bezeichnet. An den Kontaktstellen der unterschiedlichen Stämmlinge kann es aufgrund ihres Dickenwachstums zum Einwachsen der Rinde kommen. Das bedeutet: Zwischen den Holzkörpern der Stämmlinge bleibt die Rinde erhalten und das Verwachsen der Holzkörper wird dadurch verhindert. Diese Verbindungen bergen nahezu immer eine Bruchgefahr und sollten von einem Baumpfleger kontrolliert werden.

Alternde Rot- und Blut-Buchen haben häufig Probleme mit Schadpilzen, insbesondere im Bereich des Stammfußes. Riesenporling, Brandkrustenpilz, Lackporlinge und Hallimasch sind typische Schaderreger, die das Holz zerstören und sich allmählich im unteren Stammbereich ausbreiten. Buchen kompensieren dies meist deutlich sichtbar mit der Bildung von vertikalen, kräftig entwickelten Überwallungswulsten und dazwischen zurückbleibenden Einbuchtungen. Sollten Pilzfruchtkörper im Bereich des Stammfußes und der Wurzelanläufe auftreten, besteht möglicherweise Bruchgefahr. Vorsichtshalber sollte eine qualifizierte Fachkraft zur Inspektion gerufen werden.

Hänge-Weide

(*Salix × chrysocoma*)

Hofbaum

Der dekorative Baum lässt sich auf Gehöften in bachnaher Lage finden. Seine niederrieselnden Zweigschnüre verleihen ihm ein anmutiges, ja märchenhaftes Aussehen. Unter der Bezeichnung Trauer-Weide ist er als Zierbaum in Parkanlagen und Friedhöfen verbreitet.

Eigenschaften und Herkunft

Die Hänge-Weide wird 20 m hoch und genauso breit, sie ist ausgesprochen schnellwüchsig, wird aber nur 80 bis 100 Jahre alt. Sie ist bodentolerant, bevorzugt jedoch feuchte Böden und erträgt Überschwemmungen. Sie benötigt einen sonnigen Platz, denn sie ist sehr lichtbedürftig. Auch ein mächtiger Baum wirft kaum Schatten. Sie ist ein ausgesprochenes Lichtholz.

Die Hänge-Weide oder Trauer-Weide ist ein Bastard oder eine Hybride der heimischen Silber-Weide (*Salix alba*) mit der Chinesischen Trauer-Weide (*Salix babylonica*), die um das Jahr 1750 als Zierbaum in Europa eingeführt wurde. Sie wird für gewöhnlich auch unter dem Namen *Salix alba* 'Tristis' oder unter *Salix × sepulcralis* geführt. Sie wird vegetativ (also nicht über ihre Samen) vermehrt.

Breit wie das Wohnhaus ist die mächtige Hänge-Weide im Vorgarten dieses Bauernhofes in Kimratshofen (Allgäu).

Symbolik

Die Hänge-Weide gilt als Symbol der Trauer; dennoch ist sie wegen ihrer malerischen Gestalt auch in Villengärten beliebt, denn sie gibt dem Garten einen elegischen Charakter. Weiden im Allgemeinen symbolisieren die Unfruchtbarkeit, aber auch die Keuschheit.

Triebe und Blätter, Blüte und Frucht

Die Rinde der Triebe ist gelb, im Austrieb sogar leuchtend gelb. Die Blätter sind wechselständig, matt grün, schmal lanzenförmig und 8–12 cm lang. Im Austrieb sind sie von leuchtend gelbgrüner Farbe. Auch die Herbstfärbung ist gelbgrün.

Die gelben schlanken Kätzchen erscheinen im April zusammen mit den Blättern. Sie haben meistens nur männliche Blüten. Im Frühling ist alles gelb an der Trauer-Weide: Triebe, Blätter und Blütenkätzchen!

Weidenarten

Die einheimischen Weiden sind eine artenreiche Gehölzgattung. Die Silber-Weide (*Salix alba*) ist ein typischer Baum der Ufersäume und des Weichholz-Auewaldes. Als stattlichen Flurbaum sieht man sie in grundwassernahen Niederungen, auch als Hofbaum wäre sie geeignet und auf einem Mühlengehöft denkbar.

Im Ufergehölz kommen mehrere strauchförmige Weidenarten mit schmalen Blättern vor, die nicht leicht bestimmbar sind und auch gerne untereinander bastardieren.

Leicht kenntlich ist die Sal-Weide (*Salix caprea*), die als Strauch oder Kleinbaum am Waldrand wächst und keine typischen Weidenblätter hat. Sie blüht vor dem Laubaustrieb und liefert die allbekannten Palmkätzchen – sofern es ein männlicher Baum ist – denn Weiden sind zweihäusig, d.h. jeder Baum hat nur Blütenkätzchen einerlei Geschlechts. Sie hängen nicht, sondern sitzen aufrecht, die gelben männlichen sind eiförmig, die grünen weiblichen walzenförmig. Solange sich die männlichen Kätzchen noch nicht gestreckt haben, bilden die Haare der Blütenschuppen das Pelzchen des Palmkätzchens, dem alle Kätzchenblütigen den Namen verdanken, auch wenn die Blütenstände eher „Würstchen" gleichen. Die Weiden sind zwar kätzchentragend aber nicht windblütig. Die Bestäubung erfolgt im Allgemeinen durch Honigbienen, die Nektar und Pollen ernten. Weidenkätzchen sind im Vorfrühling die wichtigste Bienennahrung!

Inhaltsstoffe

Weidenrinde ist ein uraltes Heilmittel mit schmerzlindernder und fiebersenkender und entzündungshemmender Wirkung. Sie wurde daher als „europäische Fieberrinde" bezeichnet. Die Wirkung beruht auf dem Gehalt an Salicin und seiner Abkömmlinge, die im Körper in die wirksame Salicylsäure umgewandelt werden. Bereits 1828 wurde Salicylsäure aus Weidenrinde isoliert, 1897 wurde die Acetylsalicylsäure von Hoffmann synthetisch hergestellt und ist unter dem Produktnamen „Aspirin" bis heute wohlbekannt. Weidenrinde wird heute wieder für die Herstellung von antirheumatischen Präparaten benutzt.

Sie enthält aber auch Gerbstoffe, die eine adstringierende Wirkung haben. Diese Gerbstoffe, die auch in der Ledergerberei einsetzbar sind, hatten in Deutschland gegenüber der tauglicheren Eichenlohe keine Chance.

Kopfbäume

Kopfweiden sind abenteuerlich geformte Gestalten. Auf dickem mannshohem Schaft sitzen scheinbar unvermittelt und struppig zahllose lange Ruten. Beim Kopfweidenbetrieb wird ein Baumstamm geköpft, ganz ähnlich wie im Niederwald, aber nicht am Boden, sondern in etwa 2 m Höhe. Der Stamm bildet eine Verdickung, die als Kopf bezeichnet wird. Im Turnus von 2 bis 3 Jahren werden die Köpfe beschnitten.

Mit frischem Maiengrün ziert die Hänge-Weide dieses Anwesen in Schnarup-Thumby (Angeln).

Die dünnen schmiegsamen Ruten sind Rohmaterial für Körbe und andere Flechtwaren, sie sind Bindematerial im Weinberg und liefern Faschinen bei Wasserverbauungen und im Wegebau.

Der Kopfweidenbetrieb wird heute vor allem aus landschaftspflegenden, ökologischen und heimatkundlichen Aspekten betrieben und in der Nebenerwerbslandwirtschaft nur noch für den Eigenbedarf. Als Kopfweiden dienen mehrere Weidenarten. Auch Eschen und Hainbuchen hat man früher als Kopfbaum kultiviert, meistens hat man sie aber tiefer gekappt und „auf den Stock gesetzt".

Kopfweiden werden im Alter hohl, das macht sie für höhlenbewohnende Vögel wertvoll. Ein Charaktervogel der Kopfweiden ist der Steinkauz (*Athene noctua*), auch die Hohltaube (*Columba oenas*) und der Wiedehopf (*Upupa epops*) sind zu nennen. Und schließlich sind sie Lebensraum vieler Käfer- und Ameisenarten.

Kopfweiden sind noch heute landschaftsbestimmend am unteren Niederrhein, sie strukturieren die Landschaft und geben ihr Identität und Unverwechselbarkeit.

Gut platziert steht diese junge Hainbuche im Hof im fränkischen Ehrl.

Hainbuche

(*Carpinus betulus*)

Hofbaum

Die Hainbuche, die auch Hagbuche heißt, ist ein seltener Hofbaum. Vielleicht war sie als Hecke einfach zu alltäglich und im Bauernwald zu nützlich, als dass sie auch noch Hofbaum hätte werden können. Die Art ist robust, ja dank ihrer Ausschlagfähigkeit geradezu unverwüstlich und wäre als Hofbaum durchaus geeignet, schon wegen ihrer Stabilität und Krankheitsresistenz.

Allerdings wirkt sie bei Weitem nicht so majestätisch wie eine Linde oder Eiche, die Kronenform ist etwas länglich und nicht so ebenmäßig und geschlossen wie bei anderen Hofbaumarten. Die Hainbuche heißt ihres hellen Holzes wegen auch Weißbuche und wegen der Härte des Holzes auch Hornbaum.

Standort

Mit der Eiche zusammen bildet die Hainbuche verschiedene Formen des Eichen-Hainbuchen-Waldes. In der alten Nieder- und Mittelwaldwirtschaft war die Hainbuche dank ihrer Stockausschläge bedeutsam. Verbreitet ist sie auch in Feldgehölzen und an Waldsäumen. Sie hat mittlere Standortansprüche, der Lichtbedarf ist gering, die Wärmeansprüche ebenfalls. Ein frischer mineralkräftiger Boden ist von Vorteil. Sie ist ein Baum der Tieflagen und des Hügellandes und kann kontinentales Klima und grundwassernahe Böden besser ertragen als die Rot-Buche. Sie nimmt daher an solchen Arealen und Standorten deren Platz ein, während sie ansonsten keine Chance gegenüber der Rot-Buche hat.

Niederwaldwirtschaft

Gegenstand der Nutzung im sogenannten Niederwald- oder Ausschlagswald sind die schnellwüchsigen ebenmäßigen Triebe, die Stockausschläge, die aus den Stümpfen oder Stöcken gefällter Bäume in kurzer Zeit wieder austreiben. Wenn sie die richtige Stärke erreicht haben, fällt man sie, aus dem Stock treiben dann neue Triebe nach. Diese Ausschlagsfähigkeit aus dem Stock ist eine wichtige Überlebensstrategie der heimischen Laubbäume. Arten mit besonders hohem Ausschlagsvermögen wurden im Stockausschlagsbetrieb genutzt, das waren Hainbuche, Esche, Linde, Hasel, Erle und Weide.

Das Gegenteil des Niederwalds ist der Hochwald, es ist ein meist aus Samen hervorgegangener Wald, in dem alte hohe Stämme heranwachsen sollen, sein typisches Erscheinungsbild ist der Hallenwald mit Rot-Buchen. Der Mittelwald schließlich ist ein Zwischending aus beiden. Den Grundbestand bildete früher der Niederwald mit kurzer Umtriebszeit, und über ihn ragten als Oberholz ältere einzelne Stämme, die dem Hochwald entsprachen. Im bewirtschafteten Eichen-Hainbuchen-Wald bildeten die Hainbuchen im Allgemeinen das Unterholz und starke Eichen das Oberholz.

Blatt, Blüte und Frucht

Das kurz gestielte Blatt ist eiförmig, zugespitzt und scharf doppelt gesägt. Die von der Mittelrippe abgehenden Seitenrippen scheinen in die Blattfläche eingesenkt. Die Blattstellung ist wechselständig. Das Herbstlaub ist goldgelb.

Mit dem Laubaustrieb erscheinen im April oder Mai die Blütenkätzchen. Männliche und weibliche Kätzchen wachsen auf demselben Baum, die Art ist also einhäusig. Die lockeren bräunlich grünen Staubkätzchen zeichnen sich durch große Blütenschuppen aus; sie stehen an den vorjährigen Trieben, während die dünnen grünen Stempelkätzchen an der Spitze der neuen Triebe erscheinen.

Die hängenden traubenförmigen Fruchtkätzchen sind sehr auffällig, ihre gerippten harten Nussfrüchtchen sitzen in der Achsel eines großen dreilappigen Tragblatts, das zum Fliegen dient, wenn sie sich im Winter von der Spindel lösen.

Verwandtschaft

Die Hainbuche ähnelt in mancher Beziehung der Rot-Buche, ohne mit ihr verwandt zu sein. Auch sie ist eine Schattenholzart und hat eine glatte, silbrige Rinde. Und doch unterscheiden sich die beiden Arten auch hinsichtlich ihrer Rinde: Die Hainbuche ist im Gegensatz zur Rot-Buche spannrückig, d.h. am Stamm treten allerhand gedrehte Längswülste und Rücken hervor, sodass der Querschnitt nicht rund ist wie bei der Rot-Buche, sondern unregelmäßig gebuchtet. Die Blätter unterscheiden sich von Rot-Buchen-Blättern durch den doppelt gesägten Blattrand und die faltige Blattfläche.

Die Hainbuche ist ein Birkengewächs (Betulaceae) und ist mit Birke, Erle und Hasel verwandt, die Rot-Buche ist ein Buchengewächs (Fagaceae).

Hag und Hecke

Die Hainbuche wird gerne als Hecke angepflanzt, sie lässt sich gut einkürzen und auf den Stock zurücksetzen und ist die ideale Heckenpflanze auf landwirtschaftlichen Betrieben. Durch den Schnitt wird sie noch dichter, sie behält das dürre Laub zum Teil den ganzen Winter über und ergibt einen guten Sicht- und Wetterschutz.

Ein „Hag" ist eine Einfriedigung, eine Hecke, aber auch eine Grenze. Hecken hatten die Aufgabe das Vieh von Wiesen und Feldern auszusperren. Noch die im 18. Jahrhundert geschaffenen Privatgestüte des Königs von Württemberg auf den Fildern waren von Wallhecken aus Hagbuchen eingefriedet, deren Reste jetzt wieder im Kopfbaumbetrieb gepflegt werden.

Hage umwehrten im Mittelalter auch Gehöfte, Dörfer und Wehrkirchen. Damit der Hag aber richtig undurchdringlich wurde, musste zur Hagbuche der Hagdorn kommen, nämlich der dornenbewehrte Weißdorn (*Crataegus* sp.).

Hage dienten zum Umhegen von Rechtsgütern und Territorien, sie waren Teil der mittelalterlichen Wehranlagen mit Wall und Graben, der Landhegen, wie sie die schwäbischen Reichsstädte unterhielten. Weithin sichtbar als landschaftsbestimmendes Heckenband sind noch heute Teile der Rothenburger Landhege, inzwischen ein landesgeschichtliches Denkmal und eine Lebensader für Tier und Pflanze.

Die Landwehr am unteren Niederrhein, ursprünglich das Aufgebot wehrfähiger Männer, ist ab dem 13. Jahrhundert die Bezeichnung für ein Verteidigungsbollwerk. Die Landwehren bestanden aus beidseitig von Gräben gesäumten Wallhecken und umwehrten auch größere Hofanlagen neben landesherrschaftlichen Territorien. In den Niederungen am Rhein und seinen Nebenflüssen bestanden sie auch nur aus einem Graben oder einem „Landwehrkanal". Die „Heckenpflege" bestand darin, die Zweige der Dornsträucher zu Boden zu ziehen, sie einzugraben, um nach der Bewurzelung ein noch dichteres Gestrüpp zu haben. Wehrtechnisch wurden Landhegen und Landwehren noch im späten Mittelalter überflüssig, sie lenkten aber den Handelsverkehr, und an den wenigen Durchlässen entstanden alsbald Zollhäuser.

Namengebend war der Hag auch für den Hagestolz. Das Wort leitet sich vom althochdeutschen „hagustalt" her, was so viel bedeutet wie „armer Hagbesitzer", einer der hinterm Hag nur ein Gütle besaß, im Allgemeinen ein nicht erbberechtigter nachgeborener Sohn, dem keine Heirat möglich war!

In der Märchenzeit war der Hag auch die Grenze zwischen Zivilisation und Wildnis, der Durchgang von der realen Welt in die Zauberwelt. Ein solches Wesen der anderen Welt, das vermutlich durch den Hag hindurch wechseln konnte, ist die im Hag sitzende „hagasizza". Unser Wort Hexe soll sich von ihr herleiten.

Holz

Das Holz hat einen hohen Brennwert, einen höheren als Rot-Buchen-Holz. Es ist außerordentlich hart, schwer und zäh und fand Verwendung für Holzgeräte, die starken mechanischen Belastungen ausgesetzt waren. Genannt seien Radwellen, Speichen, Kübel, Werkbänke, Kegelkugeln und Kegel, Dreschflegel und die sogenannten Morgensterne. Da nimmt es nicht Wunder, dass wir einen grobschlächtigen Menschen als „hagebuchen" und eine widerwärtige und ungezogene Handlungsweise als „hanebüchen" bezeichnen!

Neben dem Eingang zu diesem typischen Fachwerkhaus im oberfränkischen Mittelehrenbach steht eine schlank gewachsene Birke.

Birke

(*Betula pendula*)

Hofbaum

Die Birke ist ein beliebter Hofbaum. Am schönsten ist sie im Laubaustrieb, denn ihr zartes Maiengrün ist der Inbegriff des Frühlings! Die Birke ist raschwüchsig und benötigt als lichthungriger Baum einen sonnigen Platz und wirft ihrerseits wenig Schatten. Sie ist mittelhoch, schlank, und sie hat einen durchgehenden Stamm bis zur aufrechten Krone. Die schmiegsamen, leicht überhängenden Zweige machen sie zu einer malerischen Baumgestalt, deshalb ist sie auch als Zierbaum beliebt.

Brauchtum

Als Sinnbild des Frühlings spielt die Birke im Brauchtum eine wichtige Rolle: kein Maifesttag ohne zartes Birkengrün! Für das Fest des 1. Mai, als am frühen Morgen in den Wald gezogen wurde, um „den Mai zu holen“, brauchte man die Birke, den heiligen Baum der Freia. Der Maibaum war früher keine Fichte, sondern eine Birke und ist es regional auch noch heute. Mit dem Maibaum ließ man den Frühling einziehen und Birkengrün schmückt noch immer die Fronleichnamsprozessionen.

Später hausten dann die Hexen in den Birken. Nach der Überlieferung sind die Zweige der Birke nur deshalb hängend, weil sie in den Hexennächten von den im Baum weilenden Hexen niedergedrückt werden. Es gab viele Hexennächte, davon ist die Walpurgisnacht, die Nacht vor dem 1. Mai, die größte und noch heute bekannte. Der Besen einer echten Hexe war selbstverständlich aus dem Gezweig der Birke gefertigt!

Standort und Verbreitung

Die zarte, durchsichtige Krone verrät die Birke als Baum des Lichtes, auch ihre kräftige Borke tut das kund. Mit ihren im Wind peitschenden Zweigen schafft sich eine ausgewachsene Birke selbst einen Lichthof, in dem kein anderer Baum mehr gedeihen mag. Wo die Birke Wälder bildet, wie in den nordischen Eichen-Birken-Wäldern, sind diese sehr licht. Sie gedeiht vom Flachland bis in die höchsten Mittelgebirgsregionen. Die Sturmflächen, die der Orkan „Lothar“ und andere Stürme in Süddeutschland hinterlassen haben, hat die Birke als Pionierbaum besiedelt. Sie ist anspruchslos, frosthart und trockenheitsresistent und bevorzugt bodensaure Standorte. In den niederdeutschen Heiden sieht man sie oft als markanten Baum und sie ist unser winterhärtestes Laubgehölz. Es verwundert nicht, dass die Birke nach der letzten Eiszeit mit als erster Baum aus dem Süden wieder bei uns einwanderte.

Aussehen

Die Hänge-Birke ist raschwüchsig, sie wird 20 m hoch und 100 Jahre alt. Die Krone ist kegelförmig, mit überhängenden Zweigen. Sie heißt auch Weiß-Birke oder Warzen-Birke, weil ihre jungen Triebe mit weißen Korkwarzen bedeckt sind. Weitere Namen sind Sand-Birke oder Hänge-Birke. Sie sollte aber nicht mit der ähnlichen, feuchtigkeitsliebenden Moor-Birke (*Betula pubescens*) verwechselt werden. In höherem Alter wird die Borke am unteren Stamm dick und tiefrissig und nimmt eine schwärzliche Färbung an. Nur noch im oberen Stammbereich löst sich die weiße Rinde in Lamellen ab, immer an der Grenzschicht von Korkgewebe und der das weiße, kristalline Betulin führenden Gewebsschicht. Die weiße Farbe ist an sich schon ein vortreffliches Mittel, die Sonnenstrahlen abzuweisen, denen der lichtliebende Baum besonders ausgesetzt ist, als zusätzlicher Hitzeschild wirkt das Betulin. „Auf schlankem, blendendweißen Stamme wiegt sich das zarte schmiegsame Gezweige, überhaucht von dem frischen Grün der Blättchen und geschmückt mit den zierlichen pendelnden Kätzchen, deren goldenen Staub ein Luftzug entführt." So schwärmte vor 50 Jahren ein passionierter Forstmann, Otto Feucht, von der Birke.

Laub, Blüte und Frucht

Die Blätter der Birke sind dreieckig, vorn zugespitzt, am Rand doppelt gesägt, anfangs etwas klebrig infolge Harzabsonderung und kahl. Bei Stockausschlägen sind sie größer und herzförmig. Die Herbstfärbung ist ein leuchtendes Ockergelb.

Bei der Birke erscheinen die Blüten beider Geschlechter in Kätzchen. Die schlanken Staubkätzchen mit den männlichen Blüten sind wie bei der Hasel schon im Winter sichtbar, sie brauchen sich nur noch zu strecken und zu öffnen. Die kleineren Stempelkätzchen mit den weiblichen Blüten erscheinen erst im Frühjahr. Die Art ist einhäusig und windblütig. Die Birke ist namengebend für die Familie der Birkengewächse (Betulaceae), zu der auch die Hasel und die Hainbuche gehören.

Die braunen dickwalzigen Fruchtkätzchen zerfallen bei der Reife in hellbraune geflügelte einsamige Nüsschen, die sich dank ihrer abgespreizten Seitenlappen als Schraubenflieger verbreiten und in elegantem Gleiten lässig eine Flugweite von 150 m erreichen. Die dreizackigen Schüppchen finden auch die kleinste Ritze!

Nutzen der Birke

Besen: Birken dienten der Besenreisgewinnung. In manchen Gegenden hat man die Birken dafür „geschneitelt", um jährlich die Schösslinge zu ernten.

Arznei: Birkenblätter sind fester Bestandteil von Harn treibenden Tees und finden auch Anwendung bei Harnwegsinfektionen, Harnsteinen, Gicht und Rheuma. Die Blätter werden im Frühjahr gesammelt und getrocknet. Inhaltsstoffe sind unter anderem Flavonoide, ätherische Öle und Saponine.

Birkenwasser: Der im Frühjahr abgezapfte Baumsaft, das Birkenwasser, ist ein altes Hausmittel für die Frühjahrskur, sowohl innerlich wie äußerlich, es soll auch den Haarwuchs fördern. Der zuckerhaltige Saft eignet sich auch zum Vergären, man erhält den Birkenwein daraus oder mit Honig versetzt den Birken-Met. Übermäßiges Abzapfen des Blutungssaftes schädigt natürlich den Baum, denn es handelt sich ja um die im Winter als Stärke gespeicherten Zucker, die in den austreibenden Knospen benötigt werden.

Rinde: Birkenrinde in feinen Streifen abgelöst ist fast unverweslich und für Nässe kaum durchlässig, man machte daraus in den nordischen Ländern das sogenannte Birkenleder. In archäologischen Grabfunden der Hallstattzeit bezeugen Birkenrindenreste die „Unverrottbarkeit" des Materials und die Bedeutung dieses Rohstoffs für Kleidung, Hüte, Waffenzubehör und Gefäße.

Birkenstämmchen: In den romantischen Lustgärten waren Birkenhäuschen und Birkengeländer einst Mode, sie wurden aus den Stämmchen gemacht.

Holz: Das gelblich weiße Holz bildet keinen Kern aus, es ist dicht und zäh. Es lieferte die hölzernen Dinge des täglichen Bedarfs wie Tröge und Backmulden, aber auch Gewehrschäfte und Armbrüste. Heute wird es als helles und schön geflammtes Möbelholz geschätzt. Die Forstleute verkaufen es als „Wohlstandsholz" an Leute, die sich einen Kamin gegönnt habe. Es ist sehr dekorativ und brennt dank seiner ätherischen Öle auch in feuchtem Zustand ohne zu qualmen.

Kurzlebig und viele Probleme

Noch vor Jahrzehnten war die Birke ein sehr beliebter Baum, nicht nur auf großen Hofstellen, vielmehr wurde sie auch in kleinen Hausgärten gerne gepflanzt. Ihr schmucker weißer Stamm, ihr zartes Frühlingsgrün und der lichte Schatten, den ihre Krone wirft, waren wohl der Grund ihrer Beliebtheit. Je nach Standort wird die Birke etwa 80 bis 100 Jahre alt.

So vielfältig wie die Freude an diesem schmucken Baum sein kann, so umfangreich sind auch die Probleme. Viele Menschen reagieren auf ihren Blütenstaub mit heftigen allergischen Reaktionen. Bleibt zur Zeit des Samenfluges ein Fenster offen, können die tausendfach verstreuten kleinen Samennüsschen einen regelrechten Samenteppich in der Wohnung bilden. Außerdem saugt der unstillbare Durst der Birke den Gartenboden aus.

Findet sie in der Abwasserleitung und im Kanalsystem einen Riss, Spalt oder eine undichte Muffe, so breitet sie ihr dichtes Wurzelwerk sehr rasch im Ablaufsystem aus.

Die Birke ist eine außergewöhnliche Pionierpflanze. Meist ist sie die Erstbesiedlerin massiv vom Menschen veränderter Landschaften, sie ist in der Lage, auf Trümmerflächen, Kahlschlägen, Schutthalden und in Tagebaulöchern schnell waldartige Bestände zu bilden. Um so überraschender erscheint eine Eigenart der Birke: Nach langen Trockenperioden im Sommer und nach Grundwasserschwankungen insbesondere nach Grundwasserabsenkungen im zeitigen Frühjahr reagiert sie mit dem Absterben einzelner Kronenpartien bis hin zum raschen Tod des ganzen Baumes.

Nach derartigen Vitalitätsverlusten oder im greisen Birkenalter können im Hochsommer bis zu 30 cm breite, hellbraune, beigefarbene Hutpilze mit kurzem Stiel am Stamm und an den Ästen der Krone erscheinen: der Birkenporling. Er tritt häufig unvermutet aus dem scheinbar intakten Holz hervor und verursacht eine intensive Braunfäule. Steht die Birke im Verkehrsbereich, so sollte der fachliche Rat eines Baumpflegers eingeholt werden.

Holunder

Schwarzer Holunder (*Sambucus nigra*)

Kleinster Hofbaum

Den Holunder kennt man im Allgemeinen als Busch oder Großstrauch, er kann jedoch zu einem mehrstämmigen Kleinbaum mit rundlicher Krone und überhängender Bezweigung heranwachsen. Meistens wird er für ein Kulturgewächs gehalten, er ist aber ein Wildgehölz.

Der Schwarze Holunder war Hausbaum der Katen und kleinbäuerlichen Häuser, er war Schutz- und Familienbaum und wurde als sogenannter Hausholunder deutlich von allen anderen Holunderbüschen unterschieden.

Dorfgehölz

Der Holunder oder Holder, auch Holler genannt, ist ein treuer Begleiter bäuerlicher Siedlungen gewesen, als die Gehöfte und Dorfwege noch nicht asphaltiert und gepflastert waren. Er war wild und natürlich aufgekommen und stand an der Scheuer, hinter der Holzbeige, am Misthaufen oder beim Hühnerhaus. Im Bauerngarten durfte er nicht fehlen, und wo es noch echte Bauerngärten gibt oder wieder gibt, fehlt er auch nicht und steht am Zaun oder füllt den ganzen Gartenwinkel.

Ansonsten hat der Holunder heute einen schweren Stand auf dem Lande, er gilt als Unkraut und ist mancherorts durch Kugelakazien oder Magnolien ersetzt worden.

Ein mächtiger Holunder ist der Hausbaum des Trüpfhauses im oberfränkischen Bauernhofmuseum Kleinlosnitz.

Als Hofholunder gibt es ihn heute nur noch an historischen Kleinbauernhäusern in einigen Freilandmuseen zu sehen.

Ursprüngliches Vorkommen und Standort

Der Schwarze Holunder ist ursprünglich ein Strauch der Auwälder und der lichten sickerfeuchten Hangwälder auf Gesteinsschutt. Er ist häufig und in ganz Deutschland verbreitet. Er bevorzugt nährstoffreichen tiefgründigen Untergrund. Als Kulturbegleiter wächst er außer in Dorf und Hof in der Feldflur auf dem Gemäuer einer alten Schafscheuer, hinter einer Feldscheune und auf wilden Müll- und Mistablagerungen am Waldesrand, er ist eine Stickstoffzeigerpflanze. Holunder hat ein flach ausgebreitetes dichtes Wurzelwerk, er mag es sonnig oder halbschattig. Insgesamt ist er anspruchslos und frosthart und besitzt ein gutes Ausschlagvermögen.

Namensvielfalt und Volksglauben

Im Mittelalter hieß das Gehölz „Flieder" oder „Weißer Flieder", bis dieser Name auf den lilablühenden Flieder oder die Syringe (*Syringa vulgaris*) übertragen wurde, die wie die Rosskastanie Mitte des 16. Jahrhunderts über Wien als Zierstrauch nach Europa kam. Der neue, im Bauerngarten bald beliebte Zierstrauch trug andererseits die Bezeichnung „Türkischer Holler". Der Name Holunder leitet sich von der althochdeutschen Bezeichnung „holuntar" ab, was soviel wie „hohler Baum" bedeutet und mit dem weißen Mark in Verbindung gebracht wird. Im Volksglauben ist der Holunder der Baum der Frau Holle oder Holda, einer mächtigen Sagen- und Märchengestalt. Deshalb konnte der Holderbusch Hexen bannen und war Sitz des guten Hausgeists. Abhacken brachte Unheil übers Haus. Eine Begegnung unter dem Holunderbusch galt dagegen als gutes Omen.

Weitverbreitet war früher folgender Vers:

Ringel, Ringel, Reihe!
Sind der Kinder dreie,
sitzen unterm Holderbusch,
schreien alle husch, husch, husch!

Blatt, Rinde und Mark

Die langen unpaarig gefiederten Blätter tragen zwei bis drei Paar breit lanzettlicher, scharf gesägter Fiedern. Zerrieben riechen sie unangenehm. Die jungen Triebe haben auffallende Warzen, es sind Rindenporen, die dem Gasaustauch dienen, alte Rinde ist gefurcht und stark verkorkt. Aus den geraden harten Loden oder Wassertrieben, die wenig Knoten haben, kann man sich mit dem Taschenmesser Pfeifenröhren oder Blasrohre basteln, wenn man das weiche weiße „Holundermark" entfernt.

Blüte und Frucht

Im Frühsommer um Johanni, das ist der 24. Juni, erscheinen die Blüten. Die vielen champagnerfarbenen Einzelblüten sind in aufrechten tellerförmigen Trugdolden vereint. Der Duft ist süßlich und lockt Fliegen und Käfer an, die auf den Blüten herumkrabbeln und sie bestäuben. Mit dem Verblühen neigt sich der Blütenstand abwärts, der Stiel färbt sich dunkelrot. Die glänzend schwarzen, saftreichen Beeren sind botanisch betrachtet Steinfrüchte mit drei knorpeligen Steinkernen. Die Verbreitung erfolgt durch Vögel, die die Samen fressen, weitertragen und wieder ausscheiden.

Der Holunder ist ein Geißblattgewächs (Caprifoliaceae), eine Familie zu der auch Schneeball (*Viburnum* spp.) und Heckenkirsche (*Lonicera* spp.) zählen.

Fliederblütentee und Holundersaft

Holunder ist eine der heilkräftigsten Pflanzen. Alles an ihm ist heil- und nutzbringend: Blatt, Blüte, Frucht, Rinde und Wurzel! Er war die bäuerliche Hausapotheke schlechthin.

Bekannt ist der Hollerblütentee, der ätherische Öle, Flavonoide und Gerbstoffe enthält. Er ist ein schweiß- und harntreibendes, vorzügliches Hausmittel zur Vorbeugung von Erkältungskrankheiten. Die Teedroge heißt noch immer „Fliederblütentee".

Die Gewinnung und Trocknung der Blüten muss ähnlich schonend wie beim Lindenblütentee erfolgen: Die voll erblühten

Blütenstände nur bei trockener Witterung pflücken, auch feucht vom Tau dürfen sie nicht sein, nicht waschen, nur ausschütteln, die dickeren Stiele abschneiden, auf einem mit Haushaltskrepp belegten Kuchengitter in frischer Luft, aber im Schatten zum Trocknen Auslegen. Stiele entfernen, trockene Blüten in einem gut schließenden Glasgefäß aufbewahren.

Zubereitung:

Für 1 l Wasser nimmt man etwa 2 bis 3 Esslöffel Blüten. Die Blüten mit kochendem Wasser überbrühen und 7 Minuten ziehen lassen. Mit Kandiszucker süßen.

Hollersekt ist ein erfrischendes sektartiges Getränk mit dem aromatischen Geschmack der Holunderblüten.

Bei Kindern sind Holderküchle beliebt. Man bereitet sie wie folgt zu:

Nicht voll erblühte Dolden als Ganzes behutsam vom Strauch schneiden, nicht waschen, nur leicht abschütteln, in einen dickflüssigen Pfannkuchenteig einbacken bis sie goldgelb sind, mit Zucker überstreuen.

Noch vielfältiger ist die Verwendung der Holunderbeeren oder Fliederbeeren. Sie sind reich an Vitamin C, Zucker, Gerbstoffen und an dunkelroten Farbstoffen, den Anthocyanen, die für die unsäglichen Flecken auf der weißen Tischwäsche verantwortlich sind. Roh sind die Beeren leicht giftig, aber so ungenießbar und Brechreiz erregend, dass keine Gefahr von ihnen ausgeht.

Der gesunde Holunderbeersaft wirkt fiebersenkend, appetitanregend und schleimlösend.

Zubereitung:

Die gut verlesenen Beeren im Dampfentsafter auf 80 °C erhitzen, dann den heißen Saft in dunkle Flaschen füllen. Herkömmliche Methode: 1 kg Beeren mit 1 Tasse Wasser 2 bis 3 Minuten kochen, die Fruchtmasse durch ein Haarsieb einige Stunden abtropfen lassen, in Flaschen füllen. Erst vor Gebrauch oder Weiterverwendung süßen. Dafür bietet sich die Zubereitung von Holunderbeerpunsch an.

Die grünen Holunderblätter heilten früher Zahnfleischentzündungen und kühlten kleine Wehwehchen.

Die „Ökobewegung“ nutzt Holunderbeeren zum Färben von selbstgesponnener Wolle, die dunklen Pigmente sind im Gegensatz zu anderen biologischen Färbemitteln nämlich resistent gegen UV-Licht!

Andere Holunderarten

Korallenrote Beeren kennzeichnen den Traubenholunder (*Sambucus racemosa*), der nach seinen traubenähnlichen, schon im Mai aufbrechenden, grüngelben Blüten- und Fruchtständen sogenannt wird. Er ist eine Waldpflanze und ein Pioniergehölz auf Schlagfluren und Steinschutthalden.

Der Zwerg-Holunder oder Attich (*Sambucus ebulus*) ist eine krautige Pflanze. Er kommt an Waldrändern vor und trägt im Herbst schwarze Beeren. Mit ihnen hat man früher Stoffe hellblau gefärbt. Alle Pflanzenteile sind giftig, Pferde sind besonders empfindlich. Auch nach dem Abkochen wirken die Beeren noch giftig.

Berg-Ulme

(*Ulmus glabra*)

Hofbaum

Die Ulmen sind Waldbäume, die man auch in Parkanlagen trifft. Am verbreitetsten und bekanntesten ist die Berg-Ulme, sodass, wenn man von Ulmen spricht, zumindest in Süddeutschland eigentlich immer die Berg-Ulme gemeint ist. Sie ist als Hofbaum heute nicht mehr oft zu finden, dürfte jedoch vor dem Ulmensterben in den Voralpen keine Seltenheit gewesen sein.

Ulmensterben

Ulmen waren neben der Linde unsere bedeutendsten Großbäume in Alleen und Parkanlagen. Sie sind infolge des sogenannten Ulmensterbens, einer Pilzerkrankung, weitestgehend verschwunden. Verursacher sind zwei aus Asien über Holland eingeschleppte Schlauchpilze (*Ophiostoma ulmi* und *Ophiostoma novi-ulmi*). Sie leben wuchernd im haarfeinen Wasserleitungssystem der jüngsten Holzschicht und regen den Baum zusätzlich zum Verstopfen der Wasserbahnen an, der Baum welkt, bis er tot ist. Übertragen wird der Pilz durch Ulmen-Splintkäfer (*Eccoptogaster* spp.), die eigentlich relativ harmlose Borkenkäfer sind, aber die jungen Ulmenzweige beim Reifefraß mit den Pilzsporen infizieren. Begünstigt wird das Ulmensterben durch ungünstige Standortbedingungen. Der erste große Schub des Ulmensterbens kam um 1920 aus Asien über Holland nach Europa, ein zweiter in den 60er- bis 80er-Jahren, diesmal aus Nordamerika mit katastrophalen Auswirkungen auf die Ulmenbestände. Dank intensiver Resistenzzüchtung sind heute mehrere resistente Klone auf dem Markt, die in Parks und Gärten gepflanzt werden, nicht aber auf dem Bauernhof.

Kulturgeschichte

Ulmen stehen an Martinskapellen in den ehedem fränkischen Siedlungsgebieten – der heilige Martin ist der Stammesheilige der Franken gewesen. Folgerichtig drang die Ulme im schwäbisch-alemannischen Süddeutschland nie so recht ins Volksbewusstsein. Was den Franken die Ulme war, bedeutete den Alemannen die Linde. In Rheinhessen war die Ulme, allerdings meist die Flatter-Ulme, Dorf- und Gerichtsbaum. Ulmen versinnbildlichten auch das reformatorische Bewusstsein, wovon eine Reihe von Luther-Ulmen Zeugnis ablegen. Böse Zungen behaupten, die einzige Ulme, die ein evangelischer Württemberger gekannt habe, sei „Die Ulme zu Hirsau“ gewesen, nämlich ein sehr schönes „evangelisches“ Gedicht von Ludwig Uhland. Auch diesen Baum hat der Pilztod 1989 ereilt – er hat einen Nachfolger.

Die Ulme ist nach dem Ulmensterben als Hofbaum sehr selten geworden. Flatter-Ulmen (*Ulmus laevis*), wie hier im Bild, erwiesen sich gegenüber dem Ulmensterben als relativ resistent.

Standort und Verbreitung

Wie der Name vermuten lässt, bevorzugt die Berg-Ulme montane Lagen. Verbreitungsschwerpunkte sind im mittel- und süddeutschen Bergland, im Alpenvorland und in den Voralpen. Die Berg-Ulme ist in Buchenwäldern zuhause, häufig aber auch in Berg-Ahorn- und in Eschenbeständen zu finden. Sie ist ein frostharter Halbschattenbaum, der hohe Ansprüche an die Nährstoffversorgung und den Basengehalt des Bodens stellt. Sie wächst bevorzugt in Hangfußlage in schattigen Hangwäldern des Bergwaldes und in Schluchtwäldern in kühler, luftfeuchter Klimalage, auch auf steilen Hängen und auf bewegtem Hangschutt, wo sie gegenüber Rot-Buche und Fichte konkurrenzfähig ist.

Habitus und Eigenschaften

Die Baumgestalt ist schlank, die Krone etwas ausladend. Am beeindruckendsten ist der Baum im winterkahlen Aspekt, wenn die Architektur des Geästs voll zur Geltung kommt. Ulmen sind Tiefwurzler. Die Berg-Ulme ist raschwüchsig, hat einen geraden Stamm, der weit in die Krone hineinreicht, und wird 25–35 m hoch und bis zu 20 m breit. Sie erreicht ein Alter von 400 Jahren, das Höchstalter liegt sogar bei 500 Jahren. Als Hofbaum bräuchte sie einen sonnigen bis halbschattigen Platz.

Blatt und Zweige

Die Blätter sind an ihrem stark asymmetrischen Blattgrund sofort zu erkennen, eine Blatthälfte ist größer und dabei tiefer am Blattstiel angesetzt als die andere. Typisch für die Berg-Ulme ist die dreiteilig auslaufende Spitze, die aber nicht bei allen Blättern ausgebildet ist. Der Blattrand ist doppelt gesägt. Die Blattstruktur ist oberseits rau und derb. Charakteristisch sind auch die zickzackförmig wachsenden, hin und her gebogenen Zweige und die zweizeilig angeordneten Blätter. Wie Feld-Ahorn und Esche war auch die Ulme Lieferant für Laubfutter, das im Schneitelbetrieb geerntet wurde.

Blüte und Frucht

Die Ulme ist ein Frühblüher, ihre Zwitterblüten mit bescheidener Blütenhülle sind bräunlich bis rotviolett und brechen in dichten Büscheln an den alten Trieben heraus, lange bevor die Blätter erscheinen. Ulmen sind windblütig, Reste von Pollenkitt lassen auf die Ableitung von insektenblütigen Formen schließen. Der Ulmenpollen gehört zur ersten Bienennahrung im März.

Auffälliger sind die massenhaften Büschel kreisrunder Flügelfrüchte, die von manchen Leuten als Laubaustrieb gedeutet werden. In der Tat sind sie grün und die blattartige Flügelhaut ist zur Photosynthese befähigt. Es sind Nüsschen, die ringsum geflügelt sind und als sogenannte Gleitflieger pendelnd oder schaukelnd zur Erde sinken und vom Wind als lindgrüne Matten fortgetrieben werden. Die Ulme gehört zur Familie der Ulmengewächse (Ulmaceae).

Holz

Das Holz der Ulme, unter der Bezeichnung Rüster bekannt, ist ein schönes wertvolles Holz und wird zu Möbeln, Furnier und Täfer verarbeitet. Das zähe, harte und dauerhafte Holz fand früher auch Verwendung in der Drechslerei und in der Wagnerei. Wie einst die Eibe und später der Nussbaum war auch die Ulme eine zeitlang von militärischer Bedeutung. Die Geschützlafetten waren aus Ulmenholz, und eigens dafür wurden in langen Alleen Ulmen angebaut.

Andere Ulmen

Die beiden anderen mitteleuropäischen Ulmenarten sind Feld-Ulme oder Feld-Rüster (*Ulmus minor*) und Flatter-Ulme oder Effe (*Ulmus laevis*). Beide unter-scheiden sich von der vorigen deutlich durch die ökologischen Bedingungen. Sie gehören zu den charakteristischen Bäumen der Auewaldgesellschaften. Sie kommen in den Niederungen großer Flusstäler vor, am Oberrhein und im Donaumoos, in den Niederungen von Rhein, Weser und Elbe. Sie sind relativ wärmeliebende Lichtholzarten. Zu unterscheiden sind die drei einheimischen Ulmenarten am leichtesten an ihren Früchten.

Eibe

(*Taxus baccata*)

Kein Hofbaum

Die Eibe ist als Hofbaum ungeeignet, sie ist giftig. Um so mehr überrascht es, Eiben als Hofbegrünung zu finden. Mit Ausnahme des fleischigen roten Samenmantels enthalten alle Pflanzenteile Taxus-Alkaloide, Lähmungsgifte für Mensch, Pferd und Vieh. Als auf den Höfen noch mit Rossgespannen gearbeitet wurde, verbot sich ein Eibenbaum auf dem Hof wohl von selbst, denn für Pferde ist das Eibengift besonders gefährlich.

Verwendung einst und heute

Im Bauerngarten wurde die Eibe gerne buschförmig kultiviert, in katholischen Gegenden gebrauchte man sie neben Buchsbaum und Sadewacholder in der Karwoche zum Flechten und Binden der „Palmbuschen“. Als es noch üblich war, den Kinderwagen in den Baumschatten zu stellen, durfte er niemals unter der Eibe stehen, denn bei starker Sonnenbestrahlung wird das Gift aus den Nadeln frei, was bei längerem Aufenthalt unter Eiben sogar bei Erwachsenen zu Benommenheit führt.
Aus Eibenabsud gewann man früher ein Pfeilgift und ein Abtreibungsmittel. Die immergrünen Eibenzweige haben unsere Vorfahren im Winter schon in der vorchristlichen Zeit ins Haus geholt. Eine der vielen Deutungen dazu: Das satte Dauergrün soll den Waldgeistern eine winterliche Zuflucht bieten. Es war aber auch Symbol der Lebenskraft. Im christlichen Mittelalter war das immergrüne und uralte Gehölz Sinnbild des ewigen Lebens und hat sich in dieser Eigenschaft bis heute auf unseren Friedhöfen gehalten.

Standort und Vorkommen

Die Eibe ist ein heimischer Waldbaum, eine Schattenholzart, und kommt in Reliktbeständen in Buchenwäldern der Mittelgebirge und der Alpen vor, vorzugsweise auf kalkhaltigem Untergrund und felsigem Terrain, wo sie gegenüber der Rot-Buche konkurrenzfähig ist. Sie bevorzugt feucht-kühle Klimagebiete ohne harte Winterfröste. Sie wächst strauch- oder

Ungewöhnliche Hofbäume sind die Eiben vor dem Reymannhof bei Kleve (Niederrhein).

baumförmig und wird 20 m hoch. Die Eibe ist in Mitteleuropa das schattenverträglichste Gehölz überhaupt. Ihr unübertroffenes Ausschlagsvermögen zeichnet sie gegenüber anderen Nadelhölzern aus, diese bilden überhaupt keine Stockausschläge. Sie leidet unter Wildverbiss, denn in Maßen ist Eibengrün für Rehwild unschädlich, es wird sogar als Delikatesse geschätzt. Die heimischen wildwachsenden Eiben sind geschützte Waldbäume.

Die Eibe wird ganz gut auch außerhalb des Waldes groß, als immergrünes und schattenspendendes sowie schattenliebendes Gehölz ist sie z.B. auf Friedhöfen beliebt. In historischen Gartenanlagen ist sie als Formelement und Heckenlabyrinth unentbehrlich. Zudem war sie wohl ein Baum der mittelalterlichen Burgen.

Biologie der Eibe

Die Eibe zählt zu den Nadelgehölzen. Da ihre Benadelung der Tanne ähnelt, werden die beiden Gehölze oft verwechselt. Die Eibennadeln sind jedoch weicher und vorne zugespitzt, unterseits sind sie gleichmäßig grün, Wachsstreifen fehlen. Der Baum besitzt keine Harzgänge, auch werden keine Zapfen ausgebildet. Die Eibe gehört zur Familie der Eibengewächse (Taxaceae), sie ist ihr einziger europäischer Vertreter. Die bekannteren Nadelgehölze, Tanne (*Abies*), Fichte (*Picea*) und Kiefer (*Pinus*), werden zu den Kieferngewächsen oder Koniferen (Pinaceae) gezählt. Eiben sind zweihäusig, männliche und weibliche Blüten befinden sich auf zwei verschiedenen Pflanzen – „zwei Häusern“. Die männlichen Blüten erscheinen im März in zahlreichen gelben kugeligen Kätzchen und bilden reichlich Pollen. Die weiblichen Blüten sind sehr klein, grün und laubknospenähnlich. Am auffälligsten sind die korallenroten, bläulich bereiften „Scheinbeeren“ der weiblichen Taxusbüsche. Es handelt sich nicht um eine Frucht, also eine echte Beere, da die Eibe als Vertreter der Nacktsamer keinen die Samenanlagen umschließenden Fruchtknoten hat. Es handelt sich vielmehr um einen Samenmantel oder Arillus, der den kleinen braunen hartschaligen Samen schüsselförmig umgibt. Der fleischige Samenmantel ist der einzige Teil der Pflanze, der frei von Gift ist, ja sogar süß und wohlschmeckend – in manchen Gegenden wird daraus Gelee bereitet. Er wird gerne von Amseln und anderen Vögel verzehrt, die auch die giftigen Samen mitfressen. Diese sind unverdaulich und erfahren sogar durch die Darmpassage eine Keimförderung, so können sie weit verbreitet werden.

Die Eibe wächst oft mehrstämmig, oder einzelne Stämme verwachsen zu einem Komplexstamm, was wiederum Ursache für Fehlschätzungen bezüglich des Alters sein kann.

Sie wächst außerordentlich langsam und kann über 1000 Jahre alt werden. Der Stamm ist an der rotbraunen, im Alter auch graubraunen, leicht abblätternden Rinde gut kenntlich. Die Bewurzelung ist tiefgehend.

Waffenholz

Eibenholz erfreut sich nach wie vor einer großen Nachfrage, es ist knapp und der Erlös beträchtlich. Das schöne, rotbraune Holz ist äußerst dauerhaft, hart und elastisch. Es ist in der Kunst- und Möbelschreinerei und in der Drechslerei gefragt.

Eibenholz war in Europa jahrtausendelang das Waffenholz schlechthin. Der Wurfspieß des Neandertalers war aus Eibenholz ebenso wie der Bogen des Gletschermanns „Ötzi“ aus den Alpen. Die Langbogen der mittelalterlichen Bogenschützen waren aus dem Holz der Eibe und als in England die Eibenbestände gerodet waren, wurden Eiben aus den Alpenländern auf die Britischen Inseln exportiert. Die Fugger sind dabei reich geworden. Auch die Armbrüste der Eidgenossen sind aus dem harten und schweren, aber federnden Holz der Eibe gefertigt worden.

Die etwa 150-jährige Eibe im Garten des ehemaligen Pfarrhofes von Qualitz (Mecklenburg) ist ein richtiger Baumschatz.

Pfleglicher Umgang mit Hofbäumen

Ein alter Hofbaum, der vor vielen Jahrzehnten (mitunter vor mehr als 100 Jahren) gepflanzt wurde, ist ein entscheidendes, Generationen übergreifendes Gestaltungselement der Hofstelle. Ein würdevoller, pfleglicher Umgang mit dem Baum sollte daher schon eine Selbstverständlichkeit sein.

Doch leider ist es nicht immer so: Viele Hofbäume mussten Starkäste, Kronenteile oder Wurzelsubstanz zugunsten sogenannter wirtschaftlicher Zwänge lassen. Er war zu nah am Haus gepflanzt, stand neuen Wohn- und Wirtschaftsgebäuden im Weg oder mit dem großen Hundertfünfziger-Traktor war kein Durchkommen mehr unter seinen tief hängenden Ästen. Vielerorts wurde der schattige Aufenthaltsort unter der Kronenschirmfläche des Hofbaumes zur Abstellfläche oder zum Lagerplatz für Brennholz degradiert. Hat man die Hoffläche asphaltiert oder gepflastert, so blieb für manchen Baumriesen viel zu wenig offener Wurzelraum übrig. Mitunter macht die Gesamtsituation den Eindruck, als habe es nur noch niemand gewagt, den Baum ganz umzusägen. Auf so eine Behandlung reagiert der Baum bald und entwickelt sich zum kostspieligen Pflegefall – oder sein Baumleben wird vorzeitig mit der Motorsäge beendet.

Um einen Generationenbaum zu erhalten, bedarf es der Vererbung eines positiven „Baumbewusstseins" und der pflegliche Umgang beginnt bereits mit oder sogar vor der Pflanzung.

Die richtige Planung

Vor der Pflanzung eines Hofbaums sind grundsätzliche Planungen und Überlegungen erforderlich. Die natürliche Entwicklung der Krone der gewählten Baumart sollte uneingeschränkt möglich sein, ohne dass es zu unerwünschten Einschränkungen des Lichteinfalls in Wohngebäuden und zu dichtem Schattenwurf kommt. Auch die Frage, ob der erforderliche Entwicklungsraum des Baumes möglicherweise künftigen Gebäudeerweiterungen im Weg steht, sollte im Idealfall vorab eingehend geprüft werden.

Da die Vitalität und damit die Lebenserwartung eines Baumes weitgehend von der Gesundheit und Unversehrtheit seines Wurzelsystems abhängig sind, muss darauf geachtet werden, dass der Pflanzstandort die natürliche Ausbreitung des Wurzelwerks langfristig ermöglicht. Das Wurzelwerk des Baumes reicht deutlich über die Kronentraufe hinaus. Dies ist ein wichtiger und unbedingt zu beachtender Gesichtspunkt bei der Planung.

Ein weiterer Aspekt der Planung ist auch die sich abzeichnende Klimaerwärmung. Künftig werden viele Hofbaumbesitzer über einen schattigen Platz zum Verweilen glücklich sein. Trockene und heiße Sommer erfordern jedoch verstärkt ausreichenden Wurzelraum, um den künftig steigenden Wasserbedarf des Baumes sicherzustellen!

Selbstverständlich sind die individuellen Eigenschaften einer Baumart wie Frostempfindlichkeit, Feuchtigkeits- und Lichtbedarf sowie ihre Bodenansprüche zu berücksichtigen.

Da der Hof nicht asphaltiert wurde, hat die Rosskastanie inmitten des Dreiseithofes in Wollomoos (Oberbayern) ausreichend Platz.

Nicht zuletzt sollten auch die bei einzelnen Arten auftretenden Probleme beachtet werden. Schließlich sollte man sich vor der Pflanzung darüber im Klaren sein, ob der Blüten- und Fruchtfall einer Baumart auch wirklich erwünscht ist. Auch die Widerstandsfähigkeit gegen Krankheiten und Schädlinge spielt bei der Entscheidung eine wichtige Rolle.

Die arttypische Größenentwicklung der Bäume kann entsprechend den Standortbedingungen durchaus unterschiedlich sein. Nachfolgend wird ein Richtwert für den Raumbedarf verschiedener Baumarten angegeben:

Große Bäume

Sommer-Linde:
Höhe 30–35 m, Breite 18–25 m
Winter-Linde:
Höhe 18–25 m, Breite 15–20 m
Spitz-Ahorn:
Höhe 20–30 m, Breite 15–22 m
Berg-Ahorn:
Höhe 25–30 m, Breite 15–20 m
Rosskastanie:
Höhe 25–30 m, Breite 15–20 m
Esche:
Höhe 25–35 m, Breite 20–25 m
Stiel-Eiche:
Höhe 25–35 m, Breite 15–20 m
Rot-Buche:
Höhe 25–30, Breite 20–25 m

Mittelgroße Bäume

Walnuss:
Höhe 15–20 m, Breite 12–18 m
Hainbuche:
Höhe 10–20 m, Breite 7–12 m
Edel-Kastanie:
Höhe 15–20 m, Breite 10–15 m

Kleinere Bäume

Birne:
Höhe 8–12 m, Breite 7–12 m
Feld-Ahorn:
Höhe 10–15 m, Breite 8–12 m
Rotblühende Kastanie:
Höhe 10–15 m, Breite: 8–12 m

Woher kommt der Hofbaum?

Die Echtheit des Pflanzmaterials ist ein grundsätzlich heikles Thema. Infolge des massiven Preisdrucks und aufgrund des immer mehr zur Normierung tendierenden Verhaltens von Planern und Großabnehmern kommen bei einigen wichtigen Baumarten anstatt Sämlingen veredelte, aus Klonen stammende, genetisch identische Sorten in den Handel. Sämlinge sind jedoch aufgrund ihrer genetischen Vielfalt wesentlich seltener von seuchenartig um sich greifenden Krankheiten betroffen als aus Klonen stammende Pflanzen.

Wegen des dichten Schattenwurfes wurde diese neue Rosskastanie in Hohenried (Oberbayern) nicht an das Wohnhaus, sondern in die Nähe der Wirtschaftsgebäude gepflanzt.

Die heute mächtige Esche nahe am Wohnhaus des Waldhofes bei Obersulm ist vor fast hundert Jahren als Sämling wild aufgegangen.

Potenzielle Hofbaumbesitzer sollten deshalb beim Kauf eines Spitz-Ahorns auf die Sämlingsart bestehen. Anstatt des Sämlings wird mitunter in Baumschulen wegen der schnelleren Bildung von geraden und kräftigen Stämmen die veredelte, aus einem amerikanischen Klon stammende Sorte 'Emerald Queen' bevorzugt produziert. Die veredelte Form bleibt jedoch deutlich kleiner als die durch Aussaat gewonnene Art und erreicht bei Weitem nicht die gewünschte Dimension eines großen Hofbaumes. Der Baum ist außerdem, zumindest in der Jugend, weniger frosthart als unsere heimische Sämlingsart und scheint mit unseren winterlichen Wechseltemperaturen Probleme zu haben.

Anstatt Winter-Linden-Sämlingen wird möglicherweise die veredelte Amerikanische Stadtlinde *Tilia cordata* 'Greenspire' verkauft. Sie gilt als anspruchslos und gesund und wird nicht so hoch wie die Art. Doch auch sie stammt aus einem Klon und bietet nicht die genetische Vielfalt des Sämlings.

Auch bei der Esche kommt anstelle des Sämlings immer wieder die in Holland selektierte Sorte 'Westhof's Glorie' in den Verkauf.

Wird der Sämling aus einer Nuss oder Kastanie selbst gezogen oder ein im Hof oder Garten gefundener Sämling als Hofbaum verwendet, so ist die Herkunft zweifelsfrei. Falls es sich um ein „Kind“ eines alten vorhandenen Hofbaumes handelt, ist ein solcher Sämling natürlich eine besonders gute Wahl. Allerdings braucht man für die eigene Anzucht viel Zeit und viel Verständnis für das Wachstum eines Jungbaumes.

In der Regel wird der Hofbaum jedoch heute in der Baumschule gekauft. Zu empfehlen ist ein mindestens drei- bis viermal verpflanzter Hochstamm mit einem Stammumfang von 16–18 cm oder von 18–20 cm, gemessen in einer Höhe von 1 m über dem Boden. Der Baum sollte in einer Markenbaumschule gekauft werden und den Gütebestimmungen für Baumschulpflanzen entsprechen. Ein Hofbaum muss den Ansprüchen eines Hochstammes für Verkehrsflächen entsprechen und einen durchgehenden Leittrieb, also eine durchgehende, gerade Stammverlängerung auf-

Zwei junge Zierapfelbäume vor einem Bauernhaus in Leeswig (Altes Land). Farblich perfekt gewählt und bestens platziert. Auch auf ausreichend große Gießränder wurde geachtet.

weisen. Nur so kann der Baum auch künftig weiter hoch geschnitten werden. Die aufgeastete Stammhöhe muss beim Kauf mindestens 220 cm betragen.

Der Käufer tut gut daran, den Pflanzschnitt gleich in der Baumschule ausführen zu lassen, und ein teurer Hofbaum sollte von der Baumschule direkt angeliefert werden, um Transportschäden zu vermeiden.

Nicht selten zeigen sich einige Jahre nach der Pflanzung Schäden am Stamm, die durch unsachgemäßen Transport verursacht wurden. Beim Anheben von Bäumen sind deshalb Rinden- und Kambiumverletzungen, z.B. durch Quetschungen mit Hebeschlingen, unbedingt zu vermeiden. Wird der Baum zwischengelagert, so sind nackte Wurzeln dauernd feucht und frostfrei zu halten, aber auch Erdballen und Containerballen dürfen nicht austrocknen.

Pflanzung des Hofbaums

Von entscheidender Bedeutung für eine langfristige, positive Entwicklung des zu pflanzenden Baumes ist die Verfügbarkeit von durchwurzelbarem Bodenraum mit ausreichend Luft, Wasser und Nährstoffen. Der beste Start ist die solide Vorbereitung einer Pflanzgrube. Der Aushub und das Wiedereinfüllen einer Pflanzgrube ist eine wichtige Vorbereitung für die spätere Pflanzung des Baumes. Auch wenn der Bau einer Pflanzgrube aufwändig erscheinen mag, so ist sie doch eine entscheidende Grundlage für einen guten Start in ein langes Baumleben.

Eine ausreichend große Pflanzgrube – der beste Start in ein langes Baumleben!

Soll der Hofbaum im Bereich vorher regelmäßig befahrener Flächen oder nach vorherigem Baustellenverkehr gepflanzt werden, darf auf den Bau einer Pflanzgrube auf keinen Fall verzichtet werden. Hier gilt zweifelsfrei: je größer desto besser; realistisch ist der Aushub einer Pflanzgrube von 2 × 2 m und einer Tiefe von mindestens 1 m. Bei schweren und zur Verdichtung neigenden Unterböden ist es sinnvoll, die Pflanzgrube tiefer auszuheben und den Unterboden gegen durchlässiges Bodensubstrat auszutauschen. Der Aushub einer Pflanzgrube von 4–5 m^3 und die Verfüllung mit einer entsprechenden Menge Boden dürften in einem modernen landwirtschaftlichen Betrieb völlig unproblematisch zu bewerkstelligen sein. Bevor die Pflanzgrube verfüllt wird, ist die Pflanzgrubensole ausreichend und möglichst tief zu lockern.

Das natürlich vorhandene Bodenprofil sollte bei der Verfüllung der Pflanzgrube annähernd wieder hergestellt werden. Es macht keinen Sinn, guten humosen Oberboden, dessen Mikroorganismen von der Verfügbarkeit von Sauerstoff abhängig sind, in sauerstoffarmen tiefen Schichten zu begraben. So wird der Unterboden wieder unten in die Pflanzgrube gepackt und anschließend der Oberboden oben drauf. Sollte der Boden für die Pflanzgrube nicht vom eigenen Betrieb stammen und die Nährstoffzusammensetzung nicht bekannt sein, so ist es hilfreich eine Nährstoffanalyse durchzuführen. Gegebenenfalls ist das Zufügen von reifem Kompost oder anderem organischem Dünger sinnvoll. Um ein späteres Absacken des Baumes zu verhindern, wird beim Verfüllen schichtweise gefühlvoll verdichtet.

Der Pflanzschnitt gibt dem Baum sein Gerüst

Wurde der Pflanzschnitt nicht schon in der Baumschule durchgeführt, muss die Krone jetzt unmittelbar vor dem Einpflanzen geschnitten werden. Dabei ist darauf zu achten, das arttypische Erscheinungsbild des Baumes nicht zu verändern. Zwiesel oder mit dem Leittrieb konkurrierende Triebe werden entweder zurückgeschnitten oder entnommen. Nach innen wachsende, sich reibende oder kreuzende Zweige werden ebenso wie beschädigte Triebe entfernt. Je nach Art und Größe des Baumes kann es erforderlich sein, die Seitenäste einzukürzen. Bei Rosskastanien, Ahorn und Eschen, deren Knospen gegenständig ste-

Johann
Ohlhaver
Anno
1826

hen, ist bei Rückschnitten die nach innen weisende Knospe mit zu entfernen, um späterer Zwieselbildung vorzubeugen.

Hat der Baum keinen Erdballen, so werden die Wurzeln leicht zurückgeschnitten. Alle abgestochenen, gequetschten und verletzten Wurzeln werden außerdem mit der Schnittstelle schräg nach unten neu angeschnitten.

Die richtige Einpflanztiefe

Nach diesen umfangreichen Vorbereitungen wird nun das Pflanzloch ausgegraben. Die Größe des Pflanzlochs entspricht dem Wurzel- oder Ballenvolumen zuzüglich des erforderlichen Arbeitsraumes. Wichtig ist hierbei die Pflanztiefe. Es ist darauf zu achten, dass der Baum keinesfalls tiefer in die Erde kommt, als er vorher in der Baumschule gestanden hat. Drei- bis viermal verpflanzte Bäume werden üblicherweise mit Drahtballierung verkauft. Der Drahtkorb sorgt dafür, dass sich der Erdballen nicht von den Wurzeln löst. Er besteht aus nicht verzinktem Draht und verrostet deshalb sehr schnell. Auch das Ballentuch ist aus rasch verrottender Jute. Um das Aufbrechen des Erdballens zu vermeiden sollen Draht und Ballentuch nicht abgenommen werden. Die Verknotungen des Ballentuchs, insbesondere Umschlingungen des Stammes, müssen jedoch nach dem Einsetzen gelöst werden. Der Drahtkorb wird, sobald der neue Baum seine endgültige Position erreicht hat, oben aufgeschnitten und nach unten gebogen, er kann im Pflanzloch verleiben.

Das Pflanzloch wird mit gutem humosen Oberboden, je nach Qualität mit reifem Kompost vermischt, eingefüllt und rund um die Wurzeln des Baumes gut, aber vorsichtig verdichtet. Die fertige Pflanzung ist mit reichlich Wasser durchdringend einzuschlämmen.

Der Gießrand

Um den Baum nach der Pflanzung ausreichend mit Wasser versorgen zu können, wird um den Baum herum ein Gießrand angelegt. Dieser Gießrand sollte um das Eineinhalbfache größer sein als der Ballen des gepflanzten Baumes. Gegossen wird in der Folgezeit nach Bedarf. Pro Wässergang sollte immer möglichst durchdringend gegossen werden, so kann eine einseitige Ausbildung von oberflächigen Faserwurzeln verhindert und die Bildung tiefreichender Wurzeln angeregt werden.

Stammschutz gegen Sonnennekrosen

Der Stamm des Baumes muss jetzt vor intensiver Sonneneinstrahlung und damit einhergehenden Temperaturschwankungen geschützt werden. Während noch vor wenigen Jahren Jutebänder oder Lehmanstriche verwendet wurden, rät man heute zur Umwicklung mit einer Schilfrohrmatte. Dadurch wird ein Wärmestau hinter der Stammumwickelung definitiv verhindert. Später auftretende Rindenschäden, sogenannte Sonnennekrosen, können auf diese Weise vermieden werden.

Eine ausreichende Verankerung – gut für die Faserwurzelbildung

Eine stabile Verankerung des gepflanzten Baumes dient nicht nur dem Halt während starker Stürme, vielmehr bezweckt sie die rasche Bildung von Faserwurzeln. Deshalb muss der Baum nach der Pflanzung gegen Bewegungen, die sich im Wurzelbereich auswirken, gesichert werden. Zur Stabilisierung des Hofbaumes ist ein 3-Bock- oder 4-Bock-Gerüst am sinnvollsten. Bei einem Hochstamm mit 18–20 cm Stammumfang reichen zur Sicherung 3 bis 4 Pfähle mit 250 cm Länge und einem mittleren Durchmesser von 6–8 cm. Die eingeschlagenen Pfähle werden am oberen Ende durch das Annageln von Dachlattenstücken stabilisiert. Der Baum wird dann mit einem breit anliegenden Bindematerial, z.B. einem Kokosstrick, fest angebunden.

Pflege des Hofbaums

Für die Entwicklung des jungen Baumes ist es entscheidend, dass er in den ersten Jahren nach der Pflanzung, je nach Bedarf, weiter bewässert und durch Kompostgaben ausreichend mit Nährstoffen versorgt wird.

Jungbaum-Pflege – Grundlage für eine gute Statik

Mit zunehmendem Alter und Gewicht biegen sich die unteren Kronenäste des Baumes allmählich zum Boden hinunter. Deshalb ist es notwendig im Jungbaumstadium die unteren Kronenäste regelmäßig zu entfernen. Sobald sich der Baum kräftig genug entwickelt hat, werden die unteren Kronenäste alle 2 bis 3 Jahre aufgeschnitten. So wird der lichte Raum unter dem Baum, das sogenannte Lichtraumprofil, allmählich auf das gewünschte Maß erhöht. Diese regelmäßige Pflege verhindert auch, dass später Äste mit einem Durchmesser von mehr als 5 cm entnommen werden müssen. Bei diesen Arbeitsgängen werden auch Stockaustriebe am Stammfuß entfernt.

Es ist wichtig, regelmäßig darauf zu achten, dass sich keine Konkurrenztriebe bilden und der durchgehende Leittrieb erhalten bleibt. Wie beim Pflanzschnitt sollten auch beim sogenannten Erziehungsschnitt nach innen wachsende, sich reibende oder kreuzende Triebe entfernt werden.

Der richtige Schnitt zum richtigen Zeitpunkt

Erforderliche Schnitte sind frühzeitig am jungen Baum durchzuführen. Nur dann können Schnittstellen möglichst klein gehalten werden, und ein rascher Wundverschluss durch den Baum ist somit in den meisten Fällen gewährleistet. Die mittlerweile überkommene Ansicht, der richtige Zeitpunkt für den Schnitt eines Baumes sei der Winter, hält sich zwar noch immer hartnäckig, ist aus fachlicher Sicht aber falsch. Der ideale Schnittzeitpunkt ist der Zeitraum zwischen der vollen Entfaltung der Blätter und dem beginnenden Herbst. Zu dieser Zeit ist der Baum am besten in der Lage, Schnittwunden gegen eindringende Pilze effektiv abzuschotten und den Wundrand sofort zu überwallen.

Bei umfangreicheren Schnittmaßnahmen, insbesondere bei älteren Bäumen, muss darauf geachtet werden, dass brütende oder fütternde Vögel nicht gestört werden. Sind Vogelnester vorhanden, so müssen Baumpflegemaßnahmen bis zum Ausfliegen der Jungvögel aufgeschoben werden.

Entscheidend ist die Schnittführung. Bei Baumarten mit Astring ist die Position und die Richtung des Schnittes leicht zu finden. Der Astring darf nicht verletzt werden, denn er ist die beste Schutzzone, jedoch sollen auch keine Stummel verbleiben. Bei Baumarten, die keinen Astring bilden, ist die richtige Schnittstelle etwas schwieriger zu finden. Grundsätzlich gilt es, den Schnitt nicht zu flach anzusetzen und das Stammholz nicht zu verletzen. Bei der Entfernung von größeren Ästen sollte zunächst oberhalb der eigentlichen Schnittstelle ein Entlastungsschnitt vorgenommen werden, um ein Ausreißen des Schnittes am Stamm oder am verbleibenden Starkast zu vermeiden.

Nur mit einer guten Handsäge ist eine gezielte Schnittführung mit glatten Wundrändern möglich. Motorsägen sind für

Stark blutende Baumarten wie Ahorn, Walnuss und Birke sollen wegen des geringeren Saftdruckes ausschließlich im belaubten Zustand geschnitten werden. Schnitte bei Temperaturen unter −5 °C sind dringend zu vermeiden.

Die Grafik verdeutlicht die richtige Schnittführung bei Bäumen mit und ohne Astring (nach Kusche, ZTV-Baumpflege).

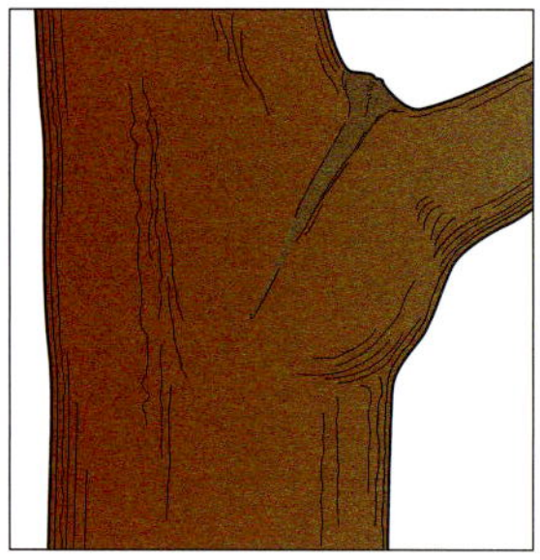

Astansatz ***mit*** Astring

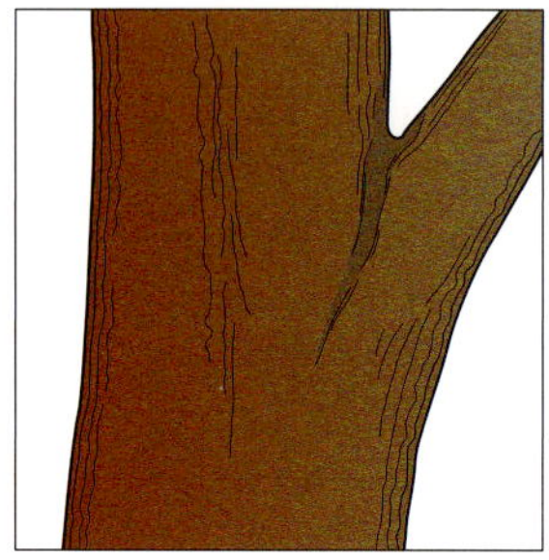

Astansatz ***ohne*** Astring
und mit eingewachsener Rinde

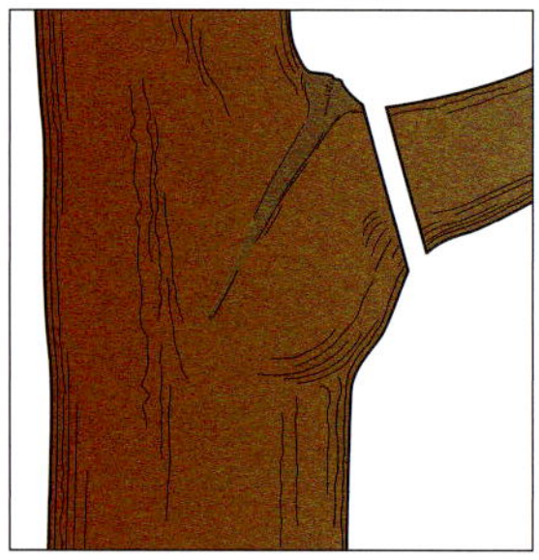

Schnitt eines Astes
mit Astring

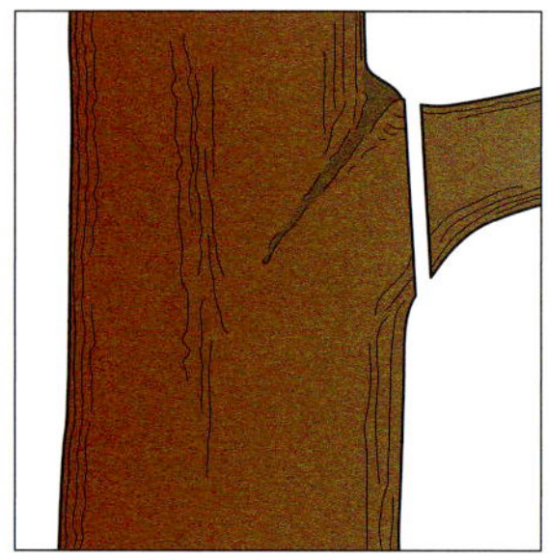

Schnitt eines Astes
ohne Astring

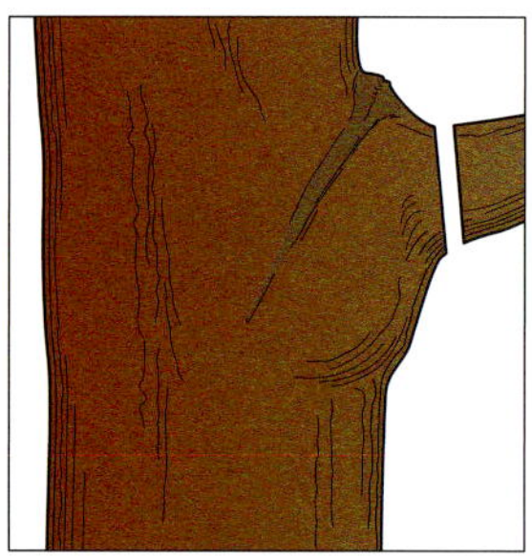

Schnitt eines Totastes

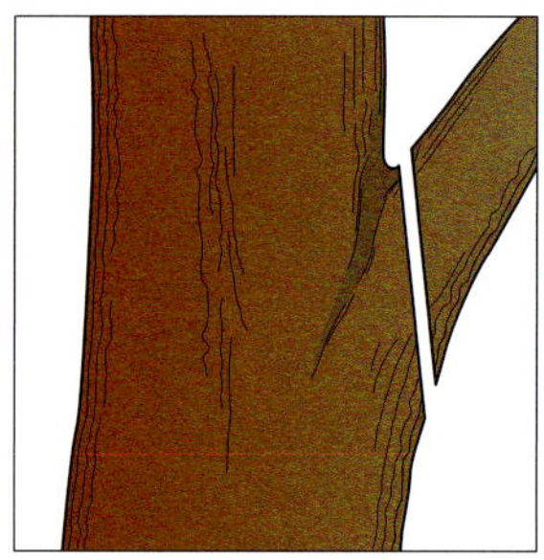

Schnitt eines Astes
mit eingewachsener Rinde

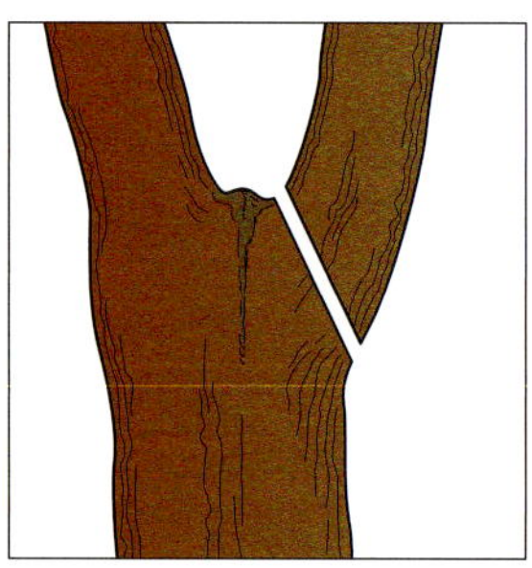

Schnitt eines gleichrangigen
Astes/Stämmlings

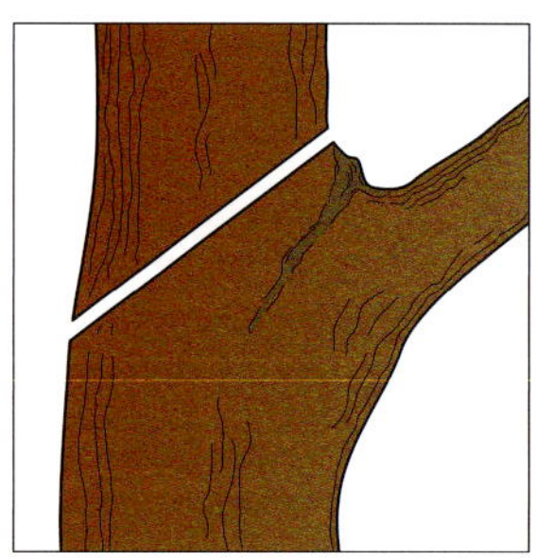

Schnitt auf Zugast

Dieser gut angesetzte Schnitt an einer Rosskastanie wurde mit einer scharfen Handsäge während der Vegetationszeit ausgeführt. Der Baum hat gute Chancen, seine Wunde rasch zu verschließen.

Unbedingt zu vermeiden sind große Schnittstellen wie an dieser alten Rosskastanie. Der obere Schnitt wurde zudem zu flach angesetzt und ist nach unten ausgerissen. Durch den falschen Schnitt und die Häufung mehrerer Schnittstellen entstehen tiefe Morschungen im Stammholz – dadurch besteht die Gefahr, dass der Baum bricht.

Bei allen Schnittmaßnahmen sollte das natürliche Erscheinungsbild des Baumes erhalten werden. Diese Linde wurde oben und seitlich gekappt; die Folge ist ein besenförmiger Wuchs – keine gute Zukunftsperspektive für den Baum.

diese „Feinarbeit" nicht geeignet. Schnitte mit einem Durchmesser von mehr als 10 cm sind zu vermeiden. Das Aufbringen von Wundverschlussmitteln macht keinen Sinn und ist deshalb verzichtbar.

Schutz des Baums bei Baustellen

Bei Baumaßnahmen auf dem Hof muss der Baum ausreichend geschützt werden. Wichtig ist es, dabei nicht nur den Stamm oder die starken Kronenäste zu schützen, entscheidend für den langfristigen Erhalt des Baumes ist vielmehr der Schutz des gesamten Lebensbereichs des Hofbaumes. Ein stabiler Zaun sollte den Wurzelraum möglichst ein paar Meter außerhalb der Kronenschirmfläche vor Schäden bewahren. Bodenverdichtungen wie durch das Lagern von Baustoffen, das Befahren oder durch das Abstellen von Maschinen im sensiblen Wurzelbereich sollten tabu sein. Sind bei Grabarbeiten Wurzelverletzungen unvermeidbar, sollten die Wurzeln möglichst per Hand mit einer scharfen Säge durchtrennt werden. Bei der Durchtrennung von Wurzeln mit dem Bagger kommt es regelmäßig zu verdeckt bleibenden Wurzelbrüchen im Nahbereich des Stammes. Dort entwickeln sich unweigerlich Eintrittspforten für parasitäre Pilze, die nach und nach den Stamm des Baumes erreichen und im Laufe der Jahre den gesunden Baum in einen bruchgefährdeten Risikobaum verwandeln. Freigelegte und durchtrennte Wurzeln müssen vor Austrocknung geschützt werden.

Die Behandlung von Anfahrschäden

Sollte es durch Unachtsamkeit zu Rindenschäden am Baum kommen, ist rasches

Die Kappung von Bäumen – leider weit verbreitet – ist aus der Sicht der modernen Baumpflege nicht vertretbar.

Handeln notwendig. Bei allen Wundversorgungsmaßnahmen ist darauf zu achten, dass die Wunde nicht weiter vergrößert wird. Verunreinigungen werden abgewaschen und vor der Versorgung wird die Wunde mit Wasser befeuchtet. Holzsplitter sind sorgfältig zu entfernen und Rindenteile, die noch mit dem Baum verbunden sind, sollten möglichst wieder angeheftet werden. Sind keine Alunägel zur Hand, helfen notfalls auch Tackerklammern. Die Wundränder werden mit einem scharfen Messer glatt geschnitten, die gesamte Wundfläche wird mit einer lichtdichten Folie abgedeckt und mit einem haltbaren Klebeband umwickelt. Wundverschlussmittel sind grundsätzlich nicht erforderlich und sollten höchstens auf die Wundränder aufgetragen werden. Der Verband muss spätestens nach einem Jahr wieder entfernt werden.

Die sorgenfreie Zeit der Hauptwuchsphase

Während der langen Entwicklungs- und Ausbreitungsphase bedarf ein gut gewählter, richtig gepflanzter und im Jugendalter regelmäßig gepflegter Hofbaum wenig baumpflegerischer Korrekturen. Lediglich auf den Lichtraum und auf die Entwicklung des Leittriebes sollte weiterhin geachtet werden.

In dieser Hauptwuchsphase bildet ein Baum kräftige Triebe in alle Richtungen, um möglichst viel Lichtraum zu erobern. Ein frei stehender Hofbaum kann so eine weit ausladende Krone entwickeln. Das Gewicht der vielen Äste und Zweige und die Hebelwirkung der immer länger werdenden Äste führen jedoch allmählich zu statischen Problemen, so kommt es im Laufe der Jahre zu Astbrüchen.

Ein vitaler Baum versucht nach Verletzungen die Schadstelle vor dem Eindringen von Pilzen abzuschotten. Je nach Baumart ist die Fähigkeit zur Abschottung sehr unterschiedlich ausgeprägt. So zählt die Eiche zu den gut abschottenden Gehölzen, während die Rosskastanie Schwierigkeiten hat, eine schützende Barriere im Holz zu entwickeln.

Nicht nur Brüche, sondern auch Verletzungen durch unsachgemäße Schnitte, Rinden- und Wurzelschäden führen zum Eindringen von parasitären Pilzen in den Baum. Holzbewohnende Pilze zerstören allmählich das Innere der Wurzelanläufe, des Stammes oder der Kronenäste. Für die Vitalität und Statik des Baumes besteht dadurch jedoch lange Zeit keine Gefahr. Der Verlust des Kernholzes von innen nach außen kann viele Jahre durch die verstärkte Bildung von Splintholz kompensiert werden. Die Ausbreitung holzzerstörender Pilze und das Kompensationswachstum des Baumes können sich mitunter viele Jahrzehnte die Waage halten.

Ungünstige Witterungsbedingungen wie strenge Fröste, lange Trockenheit oder massenhaftes Auftreten von Schadinsekten können möglicherweise das Gleichgewicht für den Baum negativ verändern. Nicht selten sind es Eingriffe des Menschen, die die Waage zum Kippen bringen. In dieser Lebensphase wirken sich Wurzelschäden, Eingrenzungen des Lebensraumes wie Bodenversiegelung oder Überfüllungen des Wurzelraumes für den Baum besonders negativ aus. Ein Kronenbruch durch einen Orkan oder die Kappung der Krone durch den Besitzer nimmt beispielsweise dem Baum schlagartig die Möglichkeit, Energie für das Kompensationswachstum zu gewinnen.

Wann muss der Baumpfleger kommen?

Der greise Baum verliert auch ohne abrupte Eingriffe und Veränderungen allmählich seine Vitalität. Astausbrüche werden häufiger und in der Kronenperipherie zeigen sich immer mehr abgestorbene Äste.

Jetzt ist der Zeitpunkt gekommen, zu dem der Hofbaumbesitzer fachlichen Rat einholen sollte. An vielen Orten wurden Baumpflegeunternehmen gegründet, die nach den Grundsätzen der modernen Baumpflege arbeiten. Noch vor wenigen Jahren wurden Bäume von den Anhängern der sogenannten Baumchirurgie mit großem technischen Aufwand verarztet. So wurden Höhlungen von Bäumen regelrecht ausgeschabt und mit Beton ausgegossen, mitunter sogar kunstvoll ausgemauert. Ganze Bäume wurden mit Stahlseilkorsetten verspannt. Doch nur in den seltensten Fällen hat von den kostenintensiven Maßnahmen ein Baum wirklich profitiert.

Aufgrund holzbiologischer Erkenntnisse und insbesondere nach der Veröffentlichung der umfangreichen Studien des amerikanischen Forstbiologen Alex L. Shigo hat sich ein schonender und pfleglicher Umgang mit Bäumen auch in Deutschland fest etabliert. Dabei geht es darum, die Lebensäußerungen des Baumes zu erkennen, zu verstehen und pfleglich unterstützend darauf zu reagieren. Im aktuellen Regelwerk ZTV-Baumpflege sind die Richtlinien der Baumpflege genau beschrieben.

Üblicherweise ist der erste Schritt des Baumpflegers eine umfassende Analyse des momentanen Gesamtzustandes des Baumes. Zu den häufigsten Maßnahmen zählt die sogenannte Kronenpflege. Darunter ist das Entfernen von abgestorbenen, beschädigten, kranken, sich reibenden und kreuzenden Ästen zu verstehen. Künftige Fehlentwicklungen werden abgeschätzt und mit Schnittmaßnahmen vorbeugend korrigiert. Ein guter Baumpfleger wird auch erkennen, ob es sinnvoll ist, eine weit ausladende Baumkrone schonend zurückzuschneiden oder die Krone auszulichten. Schonender Umgang bedeutet, dass bei solchen Schnittmaßnahmen Reduzierungen 15 % des vorhandenen Volumens nicht überschreiten. Schnittstellen mit

Diese alte Eiche hat viele Totäste in der Krone. Besteht durch die herabfallenden Äste keine Gefahr für Menschen oder für angrenzende Gebäude, so kann das Totholz dort verbleiben. Insbesondere für zahlreiche Insektenarten entsteht dadurch ein wertvoller Lebensraum.

Noch vor wenigen Jahren wurden Schadstellen an Bäumen mit großem Aufwand verschlossen. Durch die starre Ausmauerung werden dynamische Bewegungen des Stammes behindert und im Innern breiten sich schädliche Pilze aus.

einem Durchmesser von mehr als 10 cm sollten vermieden werden. Bei diesen Schnittmaßnahmen wird das natürliche Erscheinungsbild eines Baumes nicht verändert. Stockausschläge und Stammtriebe werden entfernt und im Bedarfsfall wird das Lichtraumprofil des Baumes behutsam erhöht.

Erforderlichenfalls sollten auch Vorschläge zur Verbesserung des Baumumfeldes Inhalt einer soliden Beratung sein.

Wenn der Baumpfleger den Baum begutachtet, prüft er, ob eine potenzielle Bruchgefahr in der Krone des Baumes besteht. Er kann entscheiden, ob eine mögliche Bruchgefahr durch Schnittmaßnahmen verhindert werden kann oder der Einbau einer Kronensicherung ratsam ist. Große Schnittstellen mit negativen Folgen wie Pilzbefall oder möglicherweise verstärktem Wachstum neuer Triebe sind oft nicht zielführend. Der Baumpfleger hat abzuwägen, ob eine erkennbare Bruchgefahr mittels Abspannung von Kronenteilen verhindert werden kann. Häufig sind leichte Rückschnitte und der Einbau einer Kronensicherung sich sinnvoll ergänzende Maßnahmen, die den Erhalt des Baumes sichern.

Diese sogenannten Kronensicherungen werden als Bruchsicherung eingebaut, um Risse und Brüche effektiv zu verhindern oder als Trag- und Haltesicherung, um Schäden durch herabstürzende Äste und Kronenteile zu vermeiden. Die Kronenäste, die es zu sichern gilt, werden umschlungen und nicht durchbohrt, der Einbau erfolgt für den Baum verletzungsfrei. Breite Aufliegeflächen, Scheuerschutz und ausreichend Platz für künftiges Dickenwachstum gewährleisten, dass der umschlungene Ast nicht verletzt oder gar stranguliert wird.

Bruchsicherungen werden möglichst horizontal, meist im oberen Kronenbereich des Baumes eingebaut. Dabei werden dynamische und statische Systeme unterschieden: Dynamische Kronensicherungssysteme bestehen aus dehnungsfähigen Kunststoffseilen oder -gurten. Diese dynamischen Systeme können im Bedarfsfall schwingungsbedingte Überlastungen durch Stürme abfangen und helfen, schwere Lasten durch starke Fruchtbildung sowie schwere Schnee- oder Eislasten zu tragen. Sind bereits Risse vorhanden, wird zum Einbau von statischen Sicherungen geraten. Hierzu werden starre oder nur geringfügig dehnfähige Materialien verwendet. Der Einbau einer statischen Sicherung dient der Ruhigstellung des Schadens.

Anders ist die Funktion von Trag- und Haltesicherungen. Durch den eher vertikalen Einbau wird lediglich das Herabstürzen von Ästen und Kronenteilen verhindert.

Die Zwieselung von Stämmen – ein häufiges Problem

Ein häufiges und sehr kritisches Problem bei heranwachsenden und alten Hofbäumen ist die Zwieselbildung am Stammkopf oder an starken Kronenästen. Dabei sind U-förmige Zwieselungen von V-förmigen

Viele Baumpfleger arbeiten im Baum mit Hilfe der Doppelseil-Klettertechnik.

Zwieselungen zu unterscheiden: Während U-förmige Stämmlings- und Astanbindungen eher breit auseinanderlaufen und meist kein Problem darstellen, sind steil auseinanderführende V-förmige Zwieselbildungen früher oder später problematisch. Bedingt durch das Dickenwachstum der beiden Stämmlinge oder Äste kommt es zu immer größeren Berührungsflächen. Die beiden Stämmlinge einer V-förmigen Verbindung geraten im Laufe der Jahre unter gegenseitigen Druck. Diese Druckkräfte führen in vielen Fällen zum Auseinanderbrechen ganzer Bäume oder zum Bruchversagen von Kronenteilen.

Die beste Methode zur Verhinderung liegt, wie beschrieben, in der sorgfältigen Pflege des jungen Baumes. Vorhandene Druckzwieselungen müssen von einem Baumpfleger oder Baumsachverständigen überprüft werden. Oft ist der Einbau einer Bruchsicherung eine gute vorbeugende Lösung. Ist die Zwieselung bereits aufgerissen, so hilft oft nur noch eine statische Verankerung, um die Bruchstelle ruhig zu stellen. Mitunter kann bei derartigen Sonderfällen auch das Durchbohren des Stammes und der Einbau von Stahlgewindestangen zur Verankerung hilfreich sein.

Zur Pflege und Sicherung eines alten Hofbaumes sollte jedenfalls eine kompetente Fachkraft herangezogen werden. Auskünfte erteilen die zuständigen Ämter für Naturschutz. Wurde ein Hofbaum als Naturdenkmal ausgewiesen, so wird die fachliche Inspektion im Regelfall sowieso von den zuständigen Fachbehörden durchgeführt.

Rosskastanien haben am Stammkopf häufig Probleme mit der Bildung von Druckzwieselungen. Reißt die Zwieselung auf, so sollte unverzüglich ein Fachmann gerufen werden.

Der Meierhof in St. Märgen mit den Zwillingstürmen der Dorfkirche im Hintergrund.
Die mächtigen Hofbäume prägen entscheidend die Dorfsilhouette.

Die Zukunft des Hofbaums

Bislang war stets die Rede von den bewahrten Hofbäumen, den geschätzten, den geretteten, den übrig gebliebenen, die zu beseitigen man nicht übers Herz brachte. Von den anderen, den abgesägten, denen, die im Wege standen, die zuviel Dreck machten, spricht keiner! Wer sollte auch? Niemand kennt sie, keiner weiß ihre Zahl.

Es gibt immer weniger landwirtschaftliche Betriebe und immer weniger Landwirte, da ist es ganz folgerichtig, dass mit dem Verschwinden der traditionellen Landwirtschaft und der echten Bauern Mitte der 60er-Jahre auch das Ableben der Hofbäume begann. Denn offensichtlich ist mit der herkömmlichen bäuerlichen Wirtschaftsweise auch die Baumkultur abhanden gekommen! Bei der Modernisierung wird der Hofbaum als Teil der alten Landwirtschaft als überholt und störend wahrgenommen und entfernt. Während die Aussiedlungen Ende der 50er-Jahre noch ganz selbstverständlich mit einem Hofbaum ausgestattet wurden und die offene Feldseite mit einer Gehölzreihe gesäumt wurde, scheint auf dem Aussiedlerhof des 21. Jahrhunderts oder auf dem erweiterten Hof am Ortsrand nach einem Großbaum überhaupt kein Bedürfnis mehr zu bestehen. Der moderne Hof, eine schlicht und praktisch gebaute, agrotechnische Produktionsstätte für Fleisch, Milch oder Energie-Mais, braucht keinen Hofbaum. Auch die vielen landwirtschaftliche Betriebe, die zu Wohnzwecken umgebaut wurden, trennten sich von ihrem Hofbaum, er musste einer Garage weichen oder abgesägt werden, weil er „zuviel Dreck" machte. Selbst jahrhundertealte Linden werden abgesägt, weil sie die moderne Photovoltaikanlage auf dem massigen Dach des Einödhofs beschatten. Das Bestreben, „unnütze" Bäume abzusägen, scheint in Süddeutschland weiter verbreitet als im nördlichen Deutschland, dort gibt es einen regelrechten Baumreichtum.

Überlebenschancen haben Hofbäume in Berg- und Ferienregionen. Die Topografie der steilen Hanglagen erlaubt nur Betriebe mittlerer Größe. Die traditionsreichen Höfe haben oftmals ihre Landwirtschaft – meist Grünlandbewirtschaftung – und ihren Hofbaum behalten. Sie sind Bewahrer und Erhalter der Kulturlandschaft und ihrer lebendigen Kleinstrukturen, während in den Maisregionen mit ihren riesigen Feldern kaum noch Raine und Böschungen zu finden sind. Eigentlich müssten wir unserem Kulturland und unserer Landschaft, um sie fruchtbar und gesund zu erhalten, etwas übrig lassen. Vom Zehnten wurde einst gesprochen, den wir der Natur lassen müssten. Hecken, Wegraine, Ufergehölze und Flurbäume sind nicht nur landschaftsästhetische Strukturen, es sind die Lebensadern unserer Landschaft.

Die bergigen und hügeligen Landschaften, die Museumslandschaften, sind zumeist auch unsere Ferienregionen und Touristikzentren. Hausgäste und Touristen schätzen Bäume – auch den Hofbaum.
Die regionale Selbstvermarktung fördert den Hofbaum ebenfalls, denn unter dem Kronendach einer Linde verkaufen sich

Ausreichend weit vom Haus entfernt steht diese mächtige Winter-Linde in Schmiddis (Allgäu). Der Platz unter dem Baum wird während der heißen Sommertage intensiv als Spielplatz und Aufenthaltsbereich genutzt.

Gemüse und Eier eben viel besser als unter einem reklametragenden und schweißtreibenden Sonnenschirm. Die überall zu beobachtende Regionalisierung, die der Globalisierung gegenläufig ist, fördert auch die Hofbaumkultur. Selbst Nach- und Neupflanzungen von Linden am und um das Gehöft sind in den Regionen der Nebenerwerbslandwirte kein ungewöhnliches Bild. Der Notwendigkeit, einen Baum zu entfernen, was in der Regel im Rahmen einer Übung der Freiwilligen Feuerwehr passiert, wird sich ein Baumfreund und Naturschützer nicht verschließen, wenn ein Nachfolgebaum gesetzt wird.

Dorfverschönerungen widmen sich nur zu gern städtisch anmutendem Blumenschmuck und leider nicht dem Hofbaum oder der neuen Ortslinde. Ein Dorf ohne Baum ist ein Dorf ohne Gesicht und ohne Jahreszeiten. Ortskernsanierungen bevorzugen die zweifelsohne schmucken Kugelakazien und geben dem alten Dorf damit leider oft einen puppenstubenartigen Charakter. Wird ein Großbaum gewählt, dann ist es vom Bodensee bis zur Nordsee die pflegeleichte und raschwüchsige Platane (*Platanus acerifolia*). Sie ist sehr dekorativ, aber sie nivelliert ein geschichtlich gewachsenes Ortsbild, wenn sich nach aufwändiger Restauration der historische Dorfplatz mit ganz und gar nicht historischen Platanen schmückt.

Es wird vermutlich nicht die ästhetische oder psychosoziale Funktion sein, die dem Hof-, Haus- und Dorfbaum ein Überleben sichert, viel eher kommt seine ökologische Funktion in Betracht. Das Wort Ökologie ist in aller Munde, es kommt aus dem Griechischen und besteht aus *oikos*, was Haus, Wohnung und Haushalt bedeutet, und aus dem Begriff logos, worunter die Beziehung dazu, das Wirtschaften damit und die Lehre darüber zu verstehen sind. In diesem Sinn ist der Baum ein echter „*oikologos*", denn er ist ein unglaubliches Ökosystem! Ein Baum am Haus bekommt im Zeitalter der Ozonlöcher und der Klimaerwärmung und der Angst davor eine ganz neue Schutzaufgabe, nachdem er die Blitzabwehr abgegeben hat. Ein Baum ist ein Staubfilter und ein Schadstoffilter. Er kämmt den Staub aus, der von außen mit dem Wind hereingeweht wird. Wegen der abgebremsten Windgeschwindigkeit und verringerten Tragfähigkeit der Luftströmung fällt der Staub herab und mit den Luftpartikeln auch die angelagerten Giftstoffe. Das Staubfangvermögen einer Sommer-Linde ist pro Quadratmeter Blattfläche übrigens rund fünfmal höher als das einer Platane! Ein Baum dämpft den Verkehrslärm, das ist schon deshalb von Bedeutung, weil auch die abgelegensten Gebiete heute durch ein dichtes Straßennetz erschlossen sind. Ein Baum reduziert die Strahlungsintensität der Sonne und schützt vor Hautschäden. Ein Baum sorgt für eine angenehme Luftfeuchtigkeit und Kühle.

Beide beruhen auf der Verdunstung von Wasser. Die Abgabe von Wasserdampf durch die Blätter ist eine typische Stoffwechselerscheinung aller grünen Pflanzen. Zu den Lebensprozessen des Baumes gehört auch die Produktion von Sauerstoff und der Verbrauch von Kohlendioxid. Eine 100-jährige Buche produziert stündlich 1,7 kg Sauerstoff und verbraucht gleichzeitig 2,35 kg Kohlendioxid. Der ökologische Nutzen und die neue Schutzfunktion sind also bedeutsam, aber ob sie dem Hofbaum das Überleben sichern können?

Doch! Es wird weiterhin Hofbäume geben, denn die Liebhaber werden sie bewahren. Unser Kulturgut wurde stets durch die Liebe zu den Dingen bewahrt und weitergegeben und die Liebe zum Baum ist uralt wie auch die Baumverehrung. Und die Volksweisheit weiß: „Was man mit Liebe tut, wird immer gut."

Literatur

Bärtels, H.: Gehölzkunde. Ulmer, Stuttgart, 1993.

Bernatzky, A.: Baum und Mensch. Verlag Waldemar Kramer, Frankfurt, 1973.

Braun, B., Konold, W.: Kopfweiden. Verlag Regionalkultur, Ubstadt-Weiher, 1998.

Breloer, H.: Verkehrsicherungspflicht bei Bäumen. 6. überarb. und erw. Aufl., Thalacker, Braunschweig, 2003.

Buck, M.: Oberdeutsches Flurnamenbuch. Kohlhammer, Stuttgart, 1880.

Dujesiefken, D., Jaskula, P., Kowol, T., Wohlers, A.,: Baumkontrolle unter Berücksichtigung der Baumart. 1. Aufl., Thalacker, Braunschweig, 2005.

Düll, R., Kutzelnigg, H.: Botanisch-ökologisches Exkursionstaschenbuch. 5. Aufl. Quelle und Meyer, Wiesbaden, 1994.

Eggmann, V., Steiner, B.: Baumzeit. 8. Aufl., Wird Verlag, Zürich, 1998.

Erhardt, W., Götz, E., Bödeker, N., Seybold, S.: Zander, Handwörterbuch der Pflanzennamen. 17. Aufl., Ulmer, Stuttgart, 2002.

Ellenberg, H.: Vegetation Mitteleuropas mit den Alpen in ökologischer Sicht. 4. Aufl., Ulmer, Stuttgart, 1986.

Feucht, O.: Die Bäume und Sträucher unserer Wälder. August Schröder Verlag, Stuttgart, 1946.

Forschungsgesellschaft Landschaftsentwicklung Landschaftsbau e. V. (FLL): Zusätzliche Technische Vertragsbedingungen und Richtlinien für Baumpflege – ZTV-Baumpflege. 5. Aufl., Bonn, 2006.

Forschungsgesellschaft Landschaftsentwicklung Landschaftsbau e. V. (FLL): Empfehlungen für Baumpflanzungen, Teil 1: Planung, Pflanzarbeiten, Pflege. 1. Aufl., Bonn, 2005.

Forschungsgesellschaft Landschaftsentwicklung Landschaftsbau e. V. (FLL): Empfehlungen für Baumpflanzungen, Teil 2: Standortvorbereitungen für Neupflanzungen, Pflanzgruben und Wurzelraumerweiterung, Bauweisen und Substrate. 1. Aufl., Bonn, 2004; Nachdruck 2006.

Genaust, H.: Etymologisches Wörterbuch der botanischen Pflanzennamen. 3. Aufl., Birkhäuser, Basel, 1996.

Grabe, H., Weinzierl, H.: Lindenzeit. Buch & Kunstverlag Oberpfalz, Amberg, 1991.

Gräter, C.: Der Wald Immergrün. DRW, Leinfelden-Echterdingen, 1996.

Gräter, C.: Linde und Hag. DRW, Leinfelden-Echterdingen, 1997.

Hager, F., Heyn, H.: Das alte Dorf. Rosenheimer, 1977.

Halla, H.: Waldgänge eines passionierten Forstmannes. DRW, Leinfelden-Echterdingen, 1998.

Hecker, U.: Bäume und Sträucher. 2. Aufl., BLV, München, 1998.

Heitzmann, H.: Höfechronik Breitnau, Selbstverlag Gemeinde Breitnau, Breitnau, 2004.

Höster, H.R.: Baumpflege und Baumschutz, 1. Aufl., Ulmer, Stuttgart, 1993.

Jahn, H.: Pilze an Bäumen. 2. von Reinartz, H., Schlag, M., überarb. Aufl., Patzer, Berlin, 1990.

Jark, A.: Schutzgemeinschaft Deutscher Wald; KV Rendsburg-Eckernförde e.V.

www.rettet-die-kastanien.de

Kühn, S., Ullrich, B., Kühn, U.: Deutschlands alte Bäume. BLV Buchverlag, 2007.

Krüssmann, G.: Handbuch der Laubgehölze. 2. Aufl., Parey, Berlin, 1976–1978.

Marzell, H.: Wörterbuch der deutschen Pflanzennamen, Bd.1–4. Hirzel, Leipzig, Stuttgart, 1949–1979.

Mattern, H., Henn, H.: Über die Bepflanzung von Aussiedlerhöfen in Südwestdeutschland. In: Veröffentlichungen der Landesstelle für Naturschutz und Landschaftspflege Bad.-Württ. Heft 34, 1966.

Mitchell, A.: Die Wald- und Parkbäume Europas. 2. Aufl., Parey, Berlin, 1979, a. d. engl. Orig.: A Field Guide to the Trees of Britain and Northern Europe. William Collins Sons & Co., Glasgow, 1974.

Mitchell, A.: Pareys Buch der Bäume. 3. Aufl., Blackwell Wissenschafts-Verlag, Berlin, 1997.

Niehaus, F., Butin, H., Böhmer, B.: Gehölzkrankheiten. Ulmer, Stuttgart, 1992.

Roloff, A.: Baumkronen, 1. Aufl., Ulmer, Stuttgart, 2001.

Roloff, A., Bärtels, A.: Flora der Gehölze, 2. Aufl., Ulmer, Stuttgart, 2006.

Schönfeldt, S. Gräfin: Das große Ravensburger Buch der Feste und Bräuche.

Otto Meier, Ravensburg, 1980.

Schubert, R., Wagner, G.: Botanisches Wörterbuch. 12. Aufl., Ulmer, Stuttgart, 2000.

Schubert, R., Wagner, G.: Pflanzennamen und botanische Fachwörter. 7. Aufl., Neumann-Neudamm, Melsungen, 1979.

Schwäbisches Baumbuch. Königlich Württembergische Forstdirektion, Stuttgart, 1911.

Shigo, A.L.: Neue Baumbiologie. Thalacker, Braunschweig, 1990, a. d. engl. Orig.: A New Tree Biology, Shigo and Trees, Associates, Durham, USA, 1986.

Silbereich, R., Götz, G., Hartmann, W.: Obstsortenatlas. 2. Aufl., Ulmer, Stuttgart, 1996.

Sitte, P., Ziegler, H., Ehrendorfer, F., Bresinsky, A.: Straßburger, Lehrbuch der Botanik. 33. Aufl., Gustav Fischer, Stuttgart, 1991.

Steuer, W.: Bäuerliche Wetterregeln, 7. Aufl., Federsee Verlag, Bad Buchau, 1991.

Warda, H.-D.: Das große Buch der Garten- und Landschaftsgehölze. 2. Aufl., Bruns, Bad Zwischenahn, Deutschland, 2001.

Weismann, E., Leser, R. (Fotos): „Merkwürdig". Naturdenkmale im Landkreis Ravensburg. Kreissparkasse Ravensburg, 1991.

Wieland, D., Bode, Peter M., Disko, Rüdiger: Grün kaputt – Landschaft und Gärten der Deutschen. Raben Verlag, München, 1985.

Wittmann, R.: Die Welt der Bäume. 1. Aufl., Ulmer, Stuttgart, 2004.

Zehnder, M., Weller, F.: Streuobstbau. Ulmer, Stuttgart, 2006.

Zunge, U., Fernandez-Numez, M., Ilmberger, N., Hofmeier, M., Konitz, K., Doobe, G.: Zur Biologie und Populationsdynamik der Rosskastanienminiermotte und ihrer Verbreitung in Hamburg 2001/04

Hinweis
Der Verlag ist nicht verantwortlich für den Inhalt von Links.

Dank

Viele Personen haben entscheidend zur Entstehung des vorliegenden Buches beigetragen. Die Autoren bedanken sich ganz besonders bei Gudrun Koeck von BW agrar und Schwäbischer Bauer in Stuttgart.
Mit nie ermüdendem Eifer und herzlicher Freundlichkeit unterstützte sie die Autoren. Weitere Wegbereiter des Werkes waren: Hermann Baier vom Landesamt für Umwelt, Naturschutz und Geologie in Mecklenburg-Vorpommern; Thomas Bäumen und Theo Vermassen vom Landratsamt Kleve; Garnet Grünhagen aus Lüneburg; Josef Klein vom Landratsamt Rosenheim; Anna Knon und Margit Metzger vom Bayerischen Landwirtschaftlichen Wochenblatt in München; Britta Petercord vom Landwirtschaftlichen Wochenblatt Westfalen-Lippe in Münster; Bertram Popp vom Oberfränkischen Bauernmuseum in Kleinlosnitz; Michael Seelig aus Kukate und Barbara Sester von der Badischen Bauernzeitung in Freiburg. Ihnen allen sei sehr herzlich gedankt.

Besonderer Dank gilt auch den vielen Hofbaumbesitzern, die die Autoren bereitwillig empfangen und mit ihrem Enthusiasmus die Idee des Hofbaumbuches wohlwollend begleitet haben.

Herzlicher Dank gilt Frau Dr. Nadja Kneissler vom Verlag Eugen Ulmer. Sie hat gemeinsam mit den Autoren die Buchidee initiiert und mit der Idee, Hofbaumwettbewerbe bei den Landwirtschaftlichen Wochenblättern auszuloben die entscheidende Datengrundlage für das Projekt erzielt. Zum Schluss, aber nicht zuletzt gilt der Dank der Autoren Frau Antje Springorum vom Verlag Eugen Ulmer für die Bearbeitung des Buchmanuskriptes.

Bildquellen

Alle Fotos stammen von Rudolf Wittmann, mit folgenden Ausnahmen:
C. Bronner: S. 15
I. Harsch: S. 45
B. Holzwarth: S. 27
H. Nittinger: S. 14
L. Schuler: S. 28
M. Wieland: S. 33, 38
Fotoprint Verlag A. Mauthe, Balingen: S. 90 (eingesandt von L. Schuler)
Die Grafik auf Seite 126 wurde überarbeitet von Helmuth Flubacher, Waiblingen.

Register

Ahorn 62
Allgäu 41
Anfahrschaden 62, 127
Astring 125, 126
Aufsitzeräste 68
Ausbruchswunde 90
Aussiedlung 11

Ballentuch 124
Baumaßnahmen 127
Baumchirurgie 129
Baumhaus 23
Baumpflege 68
Baumpflegemaßnahmen 125
Baumpfleger 129, 130, 131
Baumsachverständiger 131
Baumschule 121
Berg-Ahorn 92, 120
Berg-Ulme 113
Birke 62, 107
Birkenporling 109
Birkenreisig 108
Birne 82, 120
Blattläuse 53
Blaumeise 68
Blitzabwehr 29
Blitzschlag 27
Blut-Buche 101
Blütenstaub 109
Bodensubstrat 122
Bodenverdichtung 127
Brandkrustenpilz 101
Braunfäule 109
Bruchgefahr 101
Bruchsicherung 130
Bruchstelle 68, 131
Bruchversagen 131
Buche 97
Bucheckern 101

Cameraria ochfidella 67
Containerballen 122
Cryphonectria parasitica 81

Dickenwachstum 130
Doppelseil-Klettertechnik 131
Drahtkorb 124
Druckfestigkeit 68
Druckzwieselung 131

Edel-Kastanie 62, 75, 81, 120
Eibe 115
Eiche 54, 62
Eichenholz 60
Einödhof 17
Einpflanzen 122
Einpflanztiefe 124
Entlastungsschnitt 90, 125
Erdballen 122, 124
Erziehungsschnitt 125
Esche 62, 87, 90, 120, 121
Ess-Kastanie 75

Familienbaum 31
Faserwurzelbildung 124
Feld-Ahorn 94, 120
Feuerbrand 86
Flatter-Ulme 113
Fliederblütentee 111
Fraßgang 67
Frostriss 96

Gießrand 123, 124
Grünastbruch 90
Gütebestimmungen 121

Hagbuche 105
Hainbuche 104, 120
Hallimasch 90, 101
Haltesicherung 130
Hänge-Weide 102
Haufendorf 39
Hauptwuchsphase 128
Heilzauber 29
Hochstamm 121, 124
Hofbaumalter 23
Hofbaumfest 25
Hofbaumkultur 9
Hofbaumwettbewerb 19
Holunder 110
Honigtauabsonderung 53

Jahrring 62
Jungbaum-Pflege 125

Kambiumverletzung 122
Kappung 68, 128, 129
Kastanie, Rotblühende 120
Kastanienkrebs 81
Kastanienminiermotte 67, 68
Kernholz 128
Kleinbauernhaus 43
Klimaerwärmung 119
Konkurrenztriebe 125
Kopfweiden 103
Kornensicherung 130
Kraftfluss 101
Kronenäste 125
Kronenpflege 129
Kronenschirmfläche 119
Kronentraufe 119
Kultur-Birne 82
Kulturlandschaft 35

Lackporling 90, 101
Landschaftsstrukturen 35
Längsrippe 96
Laubfutter 90
Leitsystem 62
Leittrieb 68, 121, 122
Lichtraum 128
Lichtraumprofil 125
Linde 47
Lindenblüten 50

Markenbaumschule 121
Maronen 76
Maronenrezepte 79
Mehltau 96
Morschung 127
Most 86

Nährstoffanalyse 122
Nährstoffe 62
Naturdenkmal 131
Niederwald 105
Nussbaum 69

Oberboden 122
Obstwiese 37
Ökologie 134

Pflanzgrube 122
Pflanzgrubensole 122

Pflanzloch 124
Pflanzschnitt 122, 125
Pflanztiefe 124
Pflanzung 122
Pflege 124
Pilzbefall 62
Puppenkammer 67

Quetschung 122

Raupen 67, 68
Riesenporling 101
Rindenverletzung 122, 127
Ringporige Bäume 62
Rosskastanie 62, 63, 120, 127
Rot-Buche 62, 97, 120
Rückschnitt 68

Schnitt 125
Schnittführung 125, 126
Schnittmaßnahmen 125, 129, 130
Schnittwunden 68, 125
Schnittzeitpunkt 125
Schwarzer Holunder 110
Schwarzwald 40
Sekundärkrone 68
Silber-Weide 102
Sommer-Linde 49, 120
Sonnennekrosen 96, 124
Spitz-Ahorn 94, 120
Splintholz 62, 128
Splintholzkäfer 62
Stadtlinde 121
Stammfuß 101
Stammkopf 68, 101, 130
Stämmling 68, 101
Stammquerschnitt 62
Stammschutz 124
Stammverlängerung 121
Stiel-Eiche 56, 120
Stockaustriebe 125
Streuobstbau 39
Streusalz 53

Teerfleckenkrankheit 96
Tilia cordata „Greenspire“ 121
Totast 126
Tradition 43
Tragsicherung 130
Transportschaden 122
Trauben-Eiche 61

Überschüttungen 53
Ulme 62
Ulmus laevis 113
Unglücksbalken 90, 96
Unterboden 122
U-Zwieselung 131

Verankerung 124, 131
Veredelungsstelle 101
Veredelungsunterlage 101
Vereinödung 41
Verkehrssicherheit 53
Versiegelung 53
V-Zwieselung 53, 90, 131

Walnuss 69, 120
Walnussrezepte 74
Wassertransport 62
Weichholzbaumart 53
Winter-Linde 50, 120, 121
Wundrand 125, 128
Wundverschlussmittel 127, 128
Wundversorgung 128
Wurzelanlauf 101
Wurzelraum 119
Wurzelverletzungen 127
Zerstreutporige Bäume 62

ZTV-Baumpflege 129, 136
Zugast 126
Zwiesel 53
Zwieselung 130, 131

Impressum

Die in diesem Buch enthaltenen Empfehlungen und Angaben sind von den Autoren mit größter Sorgfalt zusammengestellt und geprüft worden. Eine Garantie für die Richtigkeit der Angaben kann aber nicht gegeben werden. Autoren und Verlag übernehmen keinerlei Haftung für Schäden und Unfälle.

Bibliografische Information der Deutschen Nationalbibliothek
Die Deutsche Nationalbibliothek verzeichnet diese Publikation in der Deutschen Nationalbibliografie; detaillierte bibliografische Daten sind im Internet über http://dnb.d-nb.de abrufbar.

Wollgrasweg 41, 70599 Stuttgart (Hohenheim)
E-Mail: info@ulmer.de
Internet: www.ulmer.de
Lektorat: Sabine Drobik, Antje Springorum
Herstellung: Gabriele Wieczorek
Umschlagentwurf: Wiebke Hengst, Büro für Gestaltung, Ostfildern
Repro: TBM, Remseck
Druck und Bindung: Firmengruppe APPL, aprinta druck, Wemding
Printed in Germany

ISBN 978-3-8001-5438-8